Tshepo Teele

Efeitos das preparações sexuais na reprodutividade dos varrascos e das porcas de inseminação artificial

Tshepo Teele

Efeitos das preparações sexuais na reprodutividade dos varrascos e das porcas de inseminação artificial

ScienciaScripts

Cover image: www.ingimage.com

This book is a translation from the original published under ISBN 978-620-2-19771-7.

Publisher:
Sciencia Scripts
is a trademark of
Dodo Books Indian Ocean Ltd. and OmniScriptum S.R.L publishing group

120 High Road, East Finchley, London, N2 9ED, United Kingdom
Str. Armeneasca 28/1, office 1, Chisinau MD-2012, Republic of Moldova, Europe
Printed at: see last page
ISBN: 978-620-8-04765-8

Índice

Reconhecimento do apoio financeiro 2
Dedicatórias 3
AGRADECIMENTOS 4
LISTA DE ACRÓNIMOS 5
RESUMO 6
Capítulo 1 Orientação 7
Capítulo 2 Revisão da literatura 16
Capítulo 3 Conceção e metodologia da investigação 62
Capítulo 4 Resultados e discussão 69
Capítulo 5 Conclusão 87
REFERÊNCIAS 89

Reconhecimento do apoio financeiro

Uma palavra especial de agradecimento à Central University of Technology Free State's Research and Development Funding the Research Grant Scheme, ao National Department of Agriculture e à National Research Foundation (NRF) por toda a contribuição financeira que deram para a realização deste estudo

Dedicatórias

Dedico este trabalho à minha filha Ngcwalisa 'Boitumelo' Vilana, à sua mãe Phakama Vilana, ao meu pai R.J. Teele, às minhas mães: Malerato, Mapaballo, Maphello, Matumo, Makamohelo e Matebello, aos meus irmãos: Tshepang, Kwena, Tumelo, Lebohang, Potso, Pitso, Fana, Katleho, Thabo e Lefu Teele, as minhas irmãs: Toka, Karabo. Naledi, Malefa, Lerato, Motshidisi, Motlalepula, Palesa, Dipolelo e Matshepiso Teele e à minha avó Matshepiso Teele, bem como aos meus sobrinhos (Tshepang, Mosa, Koena, Neo) e sobrinhas (Shoeshoe, Dijeng, Paballo, Keletso) que estiveram comigo em espírito durante a realização do meu estudo, e também às memórias amorosas daqueles que já partiram e a um querido amigo académico e irmão, Mr. M. Duiker.

AGRADECIMENTOS

Gostaria de expressar o meu sincero apreço e agradecimento ao meu supervisor, Dr. Dennis O. Umesiobi. A sua generosidade, simpatia, elevado nível de orientação, apoio, motivação, liderança, tolerância e pensamento hipotético são profundamente apreciados e um fator importante para a conclusão deste estudo. O meu apreço vai para todas as instituições financeiras que contribuíram para a conclusão bem sucedida deste estudo.

Gostaria de exprimir a minha gratidão à Grootvlei Prison Farm, Direção da Divisão de Agricultura, por me ter permitido realizar este ensaio na sua unidade de suinicultura e pela paciência com que me deixaram trabalhar.

Aos quatro estudantes do segundo ano de Agricultura da CUT, FS e aos reclusos da Prisão de Grootvlei, Ntate Pooho e outros, pelo seu interesse neste estudo e pela sua assistência técnica.

Gostaria de estender a minha gratidão a todos os membros da minha família: ao meu querido pai RJ Teele e a todas as suas mulheres e filhos, à mãe do meu bebé Phakama e à sua família e à minha filha Boitumelo Ngcwalisa pelo seu apoio moral, orações e encorajamento.

Acima de tudo, agradeço ao Senhor Todo-Poderoso Tlatlamatjholo, por me ter dado força física, emocional, intelectual e espiritual para realizar este estudo.

LISTA DE ACRÓNIMOS

±s.e.	Standard error
AI	Artificial insemination
ANOVA	Analysis of variance
AR	Assisted reproduction
ASD	Adequate sexual drive
AV	Artificial vagina
BSE	Breeding soundness evaluation
CR	Conception rate
DAR	Damage apical ridge
DSO	Daily sperm output
DSP	Daily sperm production
DNA	Deoxyribonucleic acid
E. coli	Escherichia coli
EFC	Estimated fertilization capacity
FPI	Fundamental performance indicator
GEM	Gross ejaculate motility
IG	Internal genitalia
IP	Sow inseminated
IRP	Improved reproduction parameters
LAC	Loose acrosome cap
LAR	Loose apical ridge
LH	Luternizing hormone
MAR	Missing apical ridge
MBS	Motile bovine spermatozoa
MFC	Maximum fertilizing capacity
MR	Minute of restrain
NAR	Normal apical ridge

RESUMO

O estudo para investigar os efeitos da preparação sexual dos varrascos na viabilidade do sémen e subsequente capacidade de fertilização de porcas inseminadas artificialmente, utilizando 12 varrascos Large White (com 2.0 anos) e 36 porcas da mesma raça, testando os parâmetros de viabilidade do sémen (volume do sémen, motilidade, concentração do sémen, esperma vivo, esperma normal e morfologia do acrossoma), dos quais apenas a fração rica em esperma foi considerada para análise e observação, respetivamente, o que revela que os problemas de comportamento sexual parecem ser mais frequentes nas marrãs comerciais do que nas porcas comerciais, sendo possível que o pior desempenho reprodutivo das marrãs possa estar parcialmente associado à ocorrência mais frequente de problemas sexuais. Curiosamente, a concentração de espermatozóides, a motilidade e o volume do sêmen indicaram ter sido influenciados significativamente ($P < 0,05$) tanto pela estimulação sexual (excitação) quanto pelo tempo de coleta na 5MR durante a tarde (14h30), mas os espermatozóides normais na 5MR aumentaram significativamente durante o período diurno de (08h30). Observou-se que a restrição sexual e o tempo de coleta de sêmen não tiveram influência significativa ($P > 0,05$) no esperma vivo a 10MR à tarde. A morfologia acrosomal melhorou significativamente com o tempo de reação de 5MR no período diurno de 14h30 (tarde) com todas as caraterísticas da morfologia acrosomal (NAR, DAR, MAR, LAC) a melhorar significativamente no tempo de reação de 10MR à tarde (14h30), mas também na estimulação sexual de 5MR foram observadas grandes melhorias em algumas das caraterísticas acrosomais. As caraterísticas do sémen em unidades de suinicultura comercializadas são motivo de preocupação, uma vez que os criadores exigem varrascos com caraterísticas superiores e elevados níveis de fertilidade, bem como a eficácia da preparação sexual com capacidade do inseminador para inseminar no momento certo.

Capítulo 1 Orientação

1.1 INTRODUÇÃO

A eficiência reprodutiva do efetivo reprodutor depende da fertilidade dos machos e das fêmeas. A fertilidade dos machos é essencial, uma vez que o ADN do varrasco é o mecanismo primário através do qual os melhoramentos genéticos podem ser efectuados de forma eficiente. Em ambientes de produção, o evento crítico que inicia o processo reprodutivo é o encontro do espermatozoide e do óvulo dentro do trato reprodutivo feminino. A presença de um espermatozoide fértil no trato reprodutivo da fêmea no momento certo depende de vários factores. Estes incluem a vontade física e a capacidade do varrasco para acasalar e produzir esperma vivo e fisicamente normal em número adequado. Este acasalamento deve também resultar em gravidez e produzir uma grande ninhada de porcos vivos aquando do parto. Para ter um varrasco que cumpra todos estes critérios, é necessário muito tempo e esforço para avaliar e selecionar cuidadosamente os varrascos para reprodução, com base em registos de desempenho.

O sucesso na indústria de produção de suínos depende, portanto, principalmente do impulso sexual do varrasco e da capacidade de produzir sémen de qualidade necessária com um grande número de espermatozóides vivos normais para uma capacidade óptima de fertilização das porcas (Umesiobi et al., 2002; Umesiobi, 2007). Os testes de preparação sexual que envolvem a contenção sexual e a falsa montaria são úteis para extrapolar a competência de acasalamento e a viabilidade do sémen de machos sexualmente maduros, bem como a taxa de fertilidade de fêmeas inseminadas artificialmente. O estudo proposto fornecerá algumas provas sobre o papel da preparação sexual dos varrascos para produzir consistentemente uma viabilidade espermática óptima, com melhores taxas de tamanho da ninhada, parto e conceção de marrãs inseminadas artificialmente (IA). Esta é uma consideração importante porque os estudos sobre a preparação sexual em que as disposições sexuais dos potenciais varrascos são ditadas permitirão ao criador a oportunidade de avaliar a proficiência de acasalamento dos reprodutores antes da sua utilização em programas de IA. Além disso, a presença de varrascos com baixo desempenho numa manada aumenta o número total de varrascos necessários e limita as contribuições genéticas de cada varrasco (Umesiobi & Iloeje, 1999, Umesiobi, 2006a).

Na maioria dos animais, a corte, a exibição e os preliminares precedem o acasalamento. É razoável supor que a execução destes padrões comportamentais serve não só para excitar o parceiro sexual, mas que também são auto-estimulantes. Assim, no decurso do acasalamento, a excitação sexual aumenta em ambos os sexos até um nível em que a cópula é iniciada e consumada (Umesiobi e Iloeje, 1999; Umesiobi, 2000a; Umesiobi, 2004; Umesiobi et al., 2004). Um aumento da excitação sexual através da preparação sexual também tenderá a ultrapassar as inibições que podem ser inerentes ao uso de uma vagina artificial, ou outros artifícios empregues no acasalamento controlado e na recolha de esperma.

Em condições naturais de criação ao ar livre, a estimulação sexual pré-coital é também muito mais intensa do que em condições de acasalamento controlado ou na recolha rotineira de sémen para inseminação artificial (IA). Por conseguinte, Orgeur e Signoret (1984), Price (1987), Umesiobi e Iloeje (1999) e Umesiobi et al. (2004) observaram que o macho, se não for estimulado até um nível elevado de excitabilidade, fica sonolento e lento no seu desejo sexual e o reflexo ejaculatório enfraquece, o que resulta na descarga de uma amostra pobre de sémen com uma redução concomitante da fertilidade e/ou fecundidade da fêmea inseminada. Este estado de inibição ou diminuição do desempenho sexual é comum nos varrascos e pode permanecer indetetável durante um período considerável. Toda uma coorte de varrascos pode ser afetada e as taxas de conceção deprimidas antes de a doença ser detectada.

A utilização crescente de técnicas de reprodução assistida no porco expôs a necessidade de ajudas adicionais, tais como a preparação sexual dos varrascos, que envolve a contenção sexual e a falsa montagem, para ajudar os fisiologistas da reprodução animal e os criadores a otimizar os ejaculados obtidos dos varrascos. Mais importante ainda, a melhoria do número de espermatozóides obtidos durante a colheita de sémen seria de grande benefício para melhorar a capacidade de fertilização de porcas inseminadas artificialmente (IA) (Umesiobi, 2008a, b, c). Embora alguns varrascos forneçam consistentemente amostras de sémen de elevada qualidade quando são colhidos para avaliação ou inseminação, outros varrascos são mais difíceis de colher e produzem ejaculados com um número reduzido de espermatozóides e outras caraterísticas de sémen inferiores às ideais (Umesiobi & Iloeje, 1999; Umesiobi, 2004).

A colheita da quantidade e qualidade máximas de espermatozóides é de extrema importância numa inseminação artificial. O espécime recolhido deve, tanto quanto possível, assemelhar-se ao ejaculado emitido durante a relação sexual, se o fator de infertilidade masculina for corretamente identificado e tratado. As caraterísticas seminais nas várias espécies animais podem ser influenciadas por factores como a frequência da colheita, o grau de estabilização das reservas epididimárias de esperma e a extensão da preparação sexual (Zavos et al., 1994; Umesiobi, 2008a).

Os relatórios revelam que a avaliação do impulso sexual, que é a vontade e o desejo de um varrasco de tentar montar e servir uma fêmea (Foote, 2003), foi considerado um melhor preditor da fertilidade de um varrasco reprodutor natural do que a avaliação do sémen (Landaeta Hernàndez et al., 2001), embora outros estudos tenham mostrado que ambos representam aspectos importantes da fertilidade masculina (Lezama et al., 2003; Morrow, 2005). No entanto, as caraterísticas positivas de produção são irrelevantes se um varrasco não for capaz de localizar e servir fêmeas receptivas (Umesiobi &

Iloeje, 1999). A utilização de varrascos com maior desejo sexual permite a exploração do potencial de reprodução dos varrascos, que é uma das formas mais rápidas e simples de reduzir os custos (Umesiobi & Iloeje, 1999; Umesiobi, 2007).

Os aspectos que influenciam a capacidade reprodutiva dos varrascos incluem: solidez física, número de espermatozóides, qualidade do sémen, experiência reprodutiva, interações sociais, tamanho do efetivo reprodutor e libido. A utilização de varrascos com maior libido demonstrou beneficiar as taxas de gravidez, o tempo de conceção, a duração das épocas de parto, a homogeneidade dos leitões ao desmame e uma utilização mais eficiente do pessoal. No entanto, o impulso sexual e a qualidade do sémen são os principais factores que limitam a eficiência reprodutiva dos machos num programa de reprodução (Foote, 2003), e estes factores podem variar de acordo com a raça, a localização geográfica, a estação do ano, o tamanho dos testículos e as gonadotrofinas circulantes (Huang et al., 2001; Barkawi et al, 2005).

De acordo com Levis e Reicks (2005) e Umesiobi (2008a), o impulso sexual do varrasco é um fator importante na reprodução dos suínos, uma vez que um único varrasco é geralmente criado para várias porcas. Por conseguinte, a avaliação da fertilidade do varrasco antes da reprodução é de importância primordial para alcançar o sucesso da reprodução. As avaliações do estado de saúde reprodutiva (BSE) dos varrascos têm sido amplamente utilizadas para este efeito nos últimos anos. A avaliação do potencial de reprodução de um varrasco consiste num exame físico geral, num exame do aparelho genital externo e interno (incluindo a medição do perímetro escrotal) e numa avaliação da qualidade do sémen. No entanto, tem sido dada pouca atenção à preparação sexual dos varrascos como estratégia para aumentar a viabilidade do sémen e a fertilidade subsequente das porcas com IA.

Com a intensificação da produção de suínos e a introdução gradual da IA nos programas de criação de animais da África do Sul e de todo o mundo, há uma necessidade urgente de estudar os efeitos da preparação sexual dos varrascos na viabilidade do sémen e na subsequente capacidade de fertilização das porcas com IA. Este procedimento será utilizado para manter a viabilidade do esperma e aumentar a taxa de sucesso da IA.

1.2 MOTIVAÇÃO PARA O ESTUDO

A utilização da IA tem aumentado imenso na produção comercial de suínos. Foram realizados numerosos estudos (Umesiobi & Iloeje, 1999; Umesiobi et al., 2002; Umesiobi, 2006a, b; Umesiobi, 2008a, b, c) para otimizar o potencial reprodutivo dos suínos com IA, de modo a igualar ou melhorar o do acasalamento natural. No entanto, apesar dos avanços, a taxa de conceção e o tamanho das ninhadas são inferiores aos ideais na maioria dos sistemas de produção (Umesiobi et al., 2004). Para além de melhorar as técnicas de controlo da qualidade da IA e do sémen, a eficiência da utilização de sémen de varrascos com caraterísticas genéticas superiores é outra dimensão da aplicação da IA (Huang et al., 2004; Umesiobi, 2006b).

Quando comparada com o acasalamento natural, a IA oferece aos produtores uma série de vantagens. No entanto, para beneficiar desta tecnologia, a IA requer um elevado nível de gestão e o compromisso de realizar corretamente os procedimentos necessários. Se a IA for realizada corretamente, o desempenho reprodutivo é igual ou superior ao obtido com o acasalamento natural. Além disso, um componente crítico de um programa de IA bem sucedido é a capacidade de detetar com precisão o cio. O sistema de deteção de cio mais eficaz é aquele que utiliza um varrasco maduro para a deteção do cio ou para o controlo do cio. A IA permite o acasalamento de um grande número de fêmeas ao mesmo tempo, e existem várias estratégias eficazes para sincronizar o cio nas porcas. A colocação do sémen no trato reprodutivo da fêmea é um procedimento relativamente simples que pode ser aprendido com um mínimo de formação. Finalmente, a realização de pelo menos dois acasalamentos durante o estro aumenta a probabilidade de uma das inseminações ser bem sucedida durante o período ótimo (ou seja, antes da ovulação) (Miller, 2000; Estienne & Harper, 2005; Umesiobi, 2008c).

A adoção da IA teve um impacto significativo na estrutura da indústria suinícola (Foote, 2003). A IA reduz efetivamente o número de varrascos necessários num efetivo reprodutor e, ao mesmo tempo, aumenta a importância da elevada fertilidade e do mérito genético de cada varrasco. Embora os procedimentos de avaliação genética para a seleção de varrascos com elevado mérito genético sejam comuns, o desenvolvimento de métodos de preparação sexual para melhorar a viabilidade do sémen e a fertilidade subsequente das porcas com IA ainda tem de ser abordado.

Por definição, os varrascos que obtêm uma preparação sexual adequada exibem uma taxa de ejaculação relativamente rápida e são capazes de inseminar um maior número de fêmeas por unidade de tempo do que os machos com um impulso sexual mais fraco (Umesiobi, 2004). Foram registadas associações positivas entre varrascos com elevado desejo sexual e a fertilidade das porcas (Umesiobi, 2004; Umesiobi et al., 2004). No entanto, ainda não foi determinado o efeito da preparação sexual na viabilidade do sémen e na capacidade de fertilização subsequente (taxa de conceção e tamanho da ninhada) das porcas com IA. Este estudo tem um significado prático para o criador de animais, principalmente porque os varrascos têm maior influência do que as porcas no tamanho médio das ninhadas, uma vez que cada varrasco gera muitos mais suínos do que os que são paridos por uma porca com a qual o varrasco foi acasalado. Numa tentativa de melhorar os parâmetros reprodutivos em resposta à IA, este estudo teve como objetivo determinar se certas medidas de preparação sexual estão suficientemente correlacionadas com a viabilidade do sémen para poderem ser utilizadas para estimar a capacidade de fertilização das porcas com IA.

1.3 DECLARAÇÃO DO PROBLEMA

A preparação sexual dos varrascos não tem recebido a devida atenção por parte dos investigadores. A maior parte da informação disponível baseia-se em recomendações feitas para outras classes de animais, como os touros. Os varrascos mais velhos parecem ter uma maior necessidade de preparação sexual do que os jovens (Iheukwumere et al., 2001), mas não existem diretrizes precisas. Os varrascos devem ser submetidos a alguns minutos de contenção sexual e de falsa monta antes de serem utilizados para reprodução. Estes procedimentos são necessários, uma vez que o desempenho reprodutivo do efetivo reprodutor determina a taxa de rotação dos animais, influenciando diretamente a situação económica da unidade de produção (Ciereszko et al., 2000). O desempenho reprodutivo é mais crítico nos varrascos com baixo desejo sexual, especialmente se forem geridos em confinamento, envolvendo instalações de grande investimento de capital.

Estudos indicam que o desempenho reprodutivo pode ser melhorado através da seleção e do maneio. Existem basicamente dois objectivos: (1) produzir animais de reposição para o rebanho reprodutor; e (2) produzir um suíno de crescimento rápido para o mercado, com excelente qualidade de carcaça e eficiência alimentar. Para atingir o primeiro objetivo, é necessário selecionar um pequeno número de varrascos pela sua capacidade de gerar filhas sãs e prolíficas (uma linha de marrãs). Para atingir o segundo objetivo, é necessário um maior número de varrascos para gerar descendentes que cresçam mais rapidamente e produzam mais carne. Estes varrascos serão utilizados num cruzamento terminal (toda a descendência será abatida).

1.4 JUSTIFICAÇÃO DO PROJECTO

Os varrascos têm maior influência do que as porcas no tamanho médio das ninhadas, porque cada varrasco gera muitos mais porcos do que os que são paridos por qualquer porca ou marrã com a qual o varrasco tenha sido acasalado (Xu et al., 1998; Umesiobi e Iloeje, 1999; Morrow 2005). Além disso, cada fêmea recebe metade do seu património genético do seu pai (Foote, 2003).

É interessante notar que o impulso sexual do varrasco é uma caraterística crítica de um sistema de reprodução em que um número pré-determinado de fêmeas deve ser criado semanalmente. O desejo sexual e a viabilidade do sémen não devem ser tomados como garantidos, especialmente durante os meses de verão. Os varrascos são temperamentais e individualistas. Alguns javalis possuem muitas caraterísticas desejáveis, são agressivos e férteis; outros são estéreis ou não têm desejo sexual. Embora os varrascos que não têm desejo sexual sejam auto-elimináveis, causam problemas adicionais porque os outros varrascos têm de ser usados com mais frequência para os compensar.

O uso excessivo de varrascos, especialmente varrascos jovens, pode ser prejudicial para a capacidade máxima de fertilização. O número de varrascos necessários em qualquer sistema de criação deve ser baseado no impulso sexual e no número de fêmeas a serem criadas durante qualquer período de criação. No entanto, uma vez que todas as fêmeas devem ser criadas pelo menos duas vezes, os varrascos adultos devem estar sexualmente preparados e prontos para serem utilizados duas vezes por dia (10 ejaculações por semana) e os varrascos jovens não mais do que uma vez por dia (cinco ou seis ejaculações por semana). Alguns varrascos podem ser capazes de reproduzir mais de cinco fêmeas por semana, mas outros podem não reproduzir quando esperado. Consequentemente, alguns varrascos podem ser sobrecarregados de trabalho. Por esta razão, deve manter-se sempre um impulso sexual adequado.

1.5 OBJECTIVOS

1.5.1 O objetivo principal e os objectivos do estudo

O principal objetivo deste estudo foi determinar os efeitos da preparação sexual dos varrascos na viabilidade do sémen e na subsequente capacidade de fertilização das porcas inseminadas artificialmente.

Para atingir este objetivo, foram alcançados os seguintes objectivos:

- Foi realizada uma revisão da literatura para obter informações e percepções sobre os pontos de vista actuais dos princípios do papel da preparação sexual dos varrascos na viabilidade do sémen e subsequente capacidade de fertilização das porcas inseminadas artificialmente.
- Os princípios do papel da preparação sexual dos varrascos foram utilizados para identificar indicadores de desempenho fundamentais através dos quais a viabilidade do sémen e a subsequente capacidade de fertilização das porcas inseminadas artificialmente foram avaliadas.

1.5.2 OBJECTIVOS ESPECÍFICOS

Foi realizada uma experiência de campo para determinar:

- os efeitos da preparação sexual dos varrascos na viabilidade do sémen,

e

- os efeitos da preparação sexual dos varrascos na capacidade de fertilização subsequente das porcas inseminadas artificialmente.

1.6 HIPÓTESE

A preparação sexual dos varrascos tem efeitos significativos na viabilidade do sémen e na subsequente capacidade de fertilização das porcas inseminadas artificialmente.

Capítulo 2 Revisão da literatura

2.1 INTRODUÇÃO

A importância da preparação sexual na manutenção da viabilidade óptima do esperma para aumentar a taxa de sucesso requerida tem recebido pouca atenção. Um procedimento de estimulação sexual foi desenvolvido para javalis de acasalamento natural, mas não para javalis de IA (Levis & Reicks, 2005). Alguns estudos relataram correlações significativas entre a estimulação sexual e as caraterísticas do sémen, enquanto outros estudos não encontraram correlações significativas (Umesiobi et al., 1999; Umesiobi, 2000a, 2004, 2006a, b). Um novo modelo de preparação sexual (3 montagens falsas - 5 minutos de contenção) reduziu a duração do tempo que um varrasco necessita para montar uma porca falsa depois de entrar no recinto de recolha e a duração do tempo necessário para sair do recinto de recolha depois da ejaculação (Umesiobi, 2006a; Umesiobi, 2008c). O tratamento de varrascos com PGF2α facilitou o treino de varrascos sexualmente experientes para montar uma porca falsa. Em geral, o tratamento de varrascos com PGF2α não aumentou o número total de espermatozóides ejaculados (Levis & Reicks, 2005).

2.2 PREPARAÇÃO SEXUAL

A preparação sexual consiste em prolongar a estimulação sexual do macho para além do necessário para induzir a montagem e a ejaculação (Umesiobi & Iloeje, 1999; Foote, 2003). Isto resulta em mais contracções, ou contracções melhoradas, dos músculos envolvidos na emissão e ejaculação do sémen. Lezama et al. (2003) definem a preparação sexual como o prolongamento do período de estimulação para além do suficiente para uma montagem e ejaculação eficientes, de modo a fornecer sémen de alta qualidade contendo mais espermatozóides por ejaculação. Esta prática resulta em mais contracções, ou contracções reforçadas, dos músculos envolvidos na emissão e ejaculação do sémen (ver Figura 2.1).

Figura 2.1 Estimulação sexual do varrasco para recolha de sémen.

Tem sido relatado que a preparação sexual aumenta o número de esperma ejaculado num período de reprodução (Amann, 1970; Umesiobi, 2004; Umesiobi, 2006a, b). Nas organizações de IA e, em certa medida, nas explorações onde se pratica uma rotina rígida de acasalamento controlado, nem sempre é proporcionada uma estimulação sexual adequada antes da ejaculação. Em comparação com o acasalamento natural no pasto, o cortejo preliminar e as demonstrações de masculinidade e libido estão ausentes. O desejo sexual é consequentemente reduzido, assim como o vigor do reflexo ejaculatório. Com a diminuição do desejo sexual, o relaxamento (refractariedade sexual) é prolongado e são necessários períodos mais longos de continência sexual entre as colheitas (Amann, 1970). De acordo com estes factos, Price (1987) verificou uma melhoria significativa do comportamento sexual e um aumento da taxa de conceção quando os touros foram colocados durante cinco meses num regime de estimulação sexual intensiva antes da colheita de sémen.

Cinco meses antes da estimulação sexual intensiva, os touros tinham estado num regime sexual de estimulação sexual inadequada.

De acordo com os relatórios de Umesiobi e Iloeje (1999), Umesiobi (2004) e Umesiobi (2006a, b), verificou-se que o volume de sémen era significativamente mais elevado nos varrascos utilizados quando o tempo de preparação sexual era inferior a 15 minutos, em comparação com uma preparação mais longa. Vários estudos confirmaram que o desempenho sexual dos touros foi melhorado ao permitir-lhes ver os seus coortes envolvidos em comportamento copulatório (Umesiobi, 2008a, b, c).

No contexto do acasalamento controlado, o desempenho sexual é ligeiramente melhorado pelo facto de um animal macho ser contido na proximidade de uma fêmea de estímulo e ser observado por outro macho enquanto está envolvido em interações sexuais. Foram realizados dois ensaios com touros Angus e Hereford para determinar os efeitos da preparação sexual por falsa monta sobre a produção de esperma, as caraterísticas do sémen e a atividade sexual. Foi necessário cerca de 10 vezes mais tempo para estimular os touros de carne do que os touros leiteiros, com base no tempo para a primeira monta, e cerca de três vezes mais tempo para recolher dois ejaculados sucessivos com 3 falsas montagens de touros de carne do que de touros leiteiros. Dar 3 montas falsas em vez de não dar montas falsas antes da recolha de sémen aumentou a produção de esperma em cerca de 50% nos primeiros ejaculados dos varrascos (Umesiobi et al., 2002). Na mesma linha, Stolla e Trombach (2007) descobriram que as mudanças de estímulo animal e local de recolha de sémen eram normalmente necessárias para estimular muitos dos touros de carne e para manter o seu interesse sexual durante a preparação sexual. A redução do estímulo da fêmea após vários ou mesmo após um acasalamento parece ser o principal fator responsável pelo aumento da interrupção temporária da atividade sexual do macho (Lezama et al., 2003; Maeset al, 2003).

2.3 IMPULSO SEXUAL

O impulso sexual foi definido como a vontade e o desejo de um macho de montar e de completar o serviço da fêmea ou do manequim (Umesiobi et al., 2000; Levis & Reicks, 2005). A capacidade de acasalamento foi definida como a capacidade de realizar um serviço completo, condicionada pela estrutura anatómica do macho e pelos órgãos copulatórios (Willenburg et al., 2003). Por conseguinte, a capacidade de acasalamento pressupõe um certo grau de desejo sexual. O desejo sexual é avaliado durante a colheita de sémen, utilizando o tempo de reação, a falsa montaria e a contenção sexual.

O tempo de reação é definido por Umesiobi e Iloeje (1999) como o período entre a monta e a ejaculação numa fêmea ou num AV. Num ambiente de colheita de sémen, este tempo deve ser reduzido ao mínimo para ser eficiente. A maioria dos investigadores relatou diferenças significativas entre as estações do ano e o tempo de reação dos touros. Robinson e Buhr (2005) relataram que os varrascos gordos têm falta de libido e que são lentos a servir. Ciereszko et al. (2000) demonstraram que o tipo de raça tem influência sobre a vontade do animal de copular. Annop et al (2005) observaram que, sob uma boa gestão, a frequência da cópula acabará por aumentar o tempo de reação de um varrasco. Um certo número de factores externos, como os tratadores e as estruturas próximas, podem afetar o tempo de reação do varrasco (Morrow, 2005).

Com o objetivo de obter mais informações sobre os tempos de reação, Morrow (2005) observou touros em serviço durante um período de 4 anos. As raças observadas incluíam Holstein, Ayrshire, Jersey, Shorthorn, Brahman, Hereford e Angus. O tempo médio de reação encontrado para todos os indivíduos foi de 12,5 minutos. Cinquenta por cento dos touros iniciaram a cópula ou uma tentativa de montar no espaço de 2 minutos após terem encontrado o animal provocador. Fraser descobriu que, para touros com 4 anos de idade ou mais, o tempo de reação das raças de carne era significativamente maior do que o das raças leiteiras.

Como qualquer outro comportamento, o desejo sexual (libido) é uma resposta a estímulos endógenos ou exógenos mediada por uma variedade de mecanismos fisiológicos, experiência aprendida e motivação. Embora a expressão da libido seja principalmente mediada por eventos hormonais, as relações entre os níveis sanguíneos da hormona luternizante (LH) ou da testosterona. Grandes variações na libido têm sido associadas a factores como a genética, idade e experiência, nutrição, ambiente social, estímulos inadequados, temperamento, criação e manuseamento, condições de alojamento (por exemplo, aglomeração e tipo de piso), tipo de teste, patologias ou causas traumáticas e interações genótipo-ambiente (Landaeta-Hernàndez et al., 2001).

O impulso sexual é medido pelo tempo de reação (ou seja, o tempo em minutos desde a introdução do varrasco ao provocador até ao momento da primeira monta), utilizando os procedimentos descritos anteriormente por Umesiobi e Iloeje (1999) e Umesiobi et al. (2004). Os três níveis de provocação sexual foram atingidos através da contenção dos varrascos durante zero (0R), 5 (5R) e 10 (R) minutos de contenção sexual, respetivamente, de acordo com os procedimentos de Umesiobi e Iloeje (1999). A montagem e a ejaculação imediata proporcionaram um ponto final definido e claramente reconhecível, para estabelecer que um varrasco foi suficientemente estimulado sexualmente. As mudanças de animais de estímulo e de local de colheita de sémen não foram normalmente necessárias para estimular a maioria dos varrascos ou para manter o seu interesse sexual durante a provocação.

A estimulação sexual refere-se a técnicas utilizadas para obter uma ejaculação no mais curto espaço de tempo possível. Por exemplo, a mudança do estímulo feminino reduziu o tempo de reação sexual dos machos de várias espécies. Em ovelhas sexualmente saciadas, a exposição a uma nova ovelha não acasalada em estro pode restaurar o desempenho sexual do carneiro em até 95% da taxa de ejaculação original. No entanto, não existe informação disponível sobre a possível relação entre o restabelecimento da libido e as caraterísticas do sémen (Iheukwumere et al., 2001; Lezama et al., 2003).

De acordo com o relatório de Barkawi et al.(2005), o maior desejo sexual em "bucks" foi observado no verão, com um maior número de montarias (P< 0,01) e menor tempo de reação (P< 0,01), enquanto o menor desejo sexual foi observado na primavera. A circunferência escrotal média foi maior (P< 0,01) no verão quando comparada com as outras estações, o que coincidiu com o pico da libido. A estação do ano afectou (P < 0,01) todas as caraterísticas seminais investigadas nos machos. No outono, o volume do sémen e a produção de esperma foram mais elevados e a percentagem de anomalias espermáticas foi a mais baixa. A qualidade do sémen, medida pelo índice de sémen, foi mais elevada no verão. As caraterísticas relacionadas com a quantidade de sémen (concentração de espermatozóides e produção total de sémen) e a qualidade relacionada (motilidade bruta, motilidade progressiva e percentagem de espermatozóides vivos) foram afectadas pela sequência de ejaculação, sendo melhores na segunda. Dentro de cada estação, não houve diferenças significativas nas caraterísticas do sémen durante o período de 7 semanas (Barkawi et al., 2005).

2.4 ESTIMULAÇÃO SEXUAL

A preparação sexual é o prolongamento intencional da estimulação sexual. É conseguida através de uma série de falsas montarias (permitindo que o varrasco monte, mas não ejacule) e contenção, e em última análise resulta num aumento da quantidade e qualidade do esperma ejaculado (Umesiobi & Iloeje, 1999; Foote et al., 2002; Foote, 2003). O tipo de preparação varia muito, dependendo do desejo sexual (libido) e da condição física do varrasco.

Para todas as falsas montagens, o coletor de sémen deve bater no lado do javali para manter a bainha de lado, de modo a que o pénis não entre em contacto com os quartos traseiros do animal montado. Isto diminui a possibilidade de contaminar o pénis e também serve para evitar possíveis lesões. Devido a condições físicas e de saúde, especialmente deficiências nos membros posteriores e na coluna vertebral, alguns varrascos podem precisar de ser limitados no número de montarias falsas permitidas. O procedimento de recolha seminal para esses varrascos deve ser efectuado sob a direção de um criador de gado profissional ou de um veterinário.

Lezama et al.(2003) observaram que a contenção de carneiros, impedindo o contacto físico com o animal de estímulo após a primeira ejaculação, não teve efeito na qualidade e quantidade. Curiosamente, a contenção sexual tem sido utilizada em touros como técnica de preparação sexual, afectando o volume do ejaculado, o número de doses de inseminação por ejaculado e a motilidade pós-descongelamento na primeira colheita de sémen. Este efeito foi interpretado como sendo efetivo no sentido em que permite ao macho ver o animal de estímulo a partir de um novo local, e não pela contenção em si, e que a contenção do macho teve um efeito significativo no número de montas necessárias para atingir a segunda ejaculação, tornando esta técnica a mais eficiente em termos de montas/ejaculação.

A contenção sexual ou falsa montaria antes da colheita de sémen aumenta significativamente a quantidade de sémen (Lezama et al., 2003; Umesiobi, 2008b) e o número de espermatozóides móveis (Huang et al., 2001; Umesiobi et al., 2004). É de salientar que o método mais amplamente aceite de recolha de sémen em humanos para efeitos de análise de sémen ou inseminação artificial é através da masturbação (Zavos & Centola, 1992; Sofikitis & Miyagawa, 1993). Foi demonstrado que a estimulação sexual pré-coital (ESP) em conjunto com a utilização de um dispositivo de recolha de sémen durante a relação sexual melhora significativamente a quantidade e a qualidade dos espermatozóides recolhidos (Sofikitis & Miyagawa, 1993).

Muitos investigadores têm tentado encontrar um único fator que possa prever com precisão o desejo sexual dos varrascos. Os factores de produção dos varrascos, tais como o ganho médio diário, bem como os resultados do exame de aptidão reprodutiva e os níveis de testosterona no sangue, têm sido utilizados como potenciais indicadores de fertilidade (Huang et al., 2001; Barkawi et al., 2005). Com toda a probabilidade, nenhum parâmetro único pode ser utilizado para correlacionar com precisão a medição desse parâmetro com a fertilidade. O impulso sexual envolve a interação de vários factores que influenciam a capacidade sexual de um varrasco (Umesiobi & Iloeje, 1999).

Os resultados sugerem que a libido e as caraterísticas de produção, como o ganho médio diário e o peso final do teste, não estão favoravelmente relacionados com os varrascos jovens (Willenburg et al., 2003). No entanto, a frequência da estimulação sexual e os procedimentos subsequentes de recolha de sémen têm de ser programados adequadamente para otimizar o desejo sexual e a fertilidade (Lezama et al., 2003; Umesiobi, 2008c).

As primeiras tentativas de quantificar o desejo sexual utilizaram um procedimento denominado "índice de libido". Um procedimento posterior, denominado "teste de pontuação da libido", utilizou fêmeas estrogenizadas, sem restrições, para avaliar o desejo sexual (pontuação 0-4) em touros do tipo rancho (Landaeta-Hernàndez et al., 2001). Posteriormente, este teste foi alargado para um sistema de pontuação de 0-10 que descrevia os graus de interesse sexual num teste de 10 minutos. Outros testes foram baseados na capacidade de serviço (SC) ou no número de serviços realizados. Procedimentos compostos que empregam elementos de diferentes procedimentos foram utilizados para avaliar touros jovens Bos taurus e Bos indicus. Estes procedimentos utilizaram elementos como estímulos visuais, competição induzida entre touros, fêmeas sedadas e imobilizadas, e registo de comportamentos sexuais (incluindo montadas e serviços) num período de 10 minutos.

O desejo sexual do varrasco tem sido avaliado de várias formas, sendo provavelmente o método mais simples a observação de um varrasco numa área confinada com uma ou várias fêmeas em cio. Os critérios utilizados para avaliar o desejo sexual incluem o tempo de reação (intervalo até à primeira cobrição), a capacidade de cobrição (número de cobrições por teste), a capacidade de acasalamento (rácio entre montadas e cópulas) e os testes de exaustão (taxa de cópulas ao longo do tempo). O objetivo deste estudo foi especificamente determinar se as medidas de desejo sexual, tais como a contenção sexual e a falsa monta dos varrascos, poderiam melhorar a viabilidade do sémen e a subsequente capacidade de fertilização das porcas inseminadas artificialmente.

2.5 RECOLHA DE SÉMEN

Intervalos mais curtos entre os dias de coleta fizeram com que o volume do ejaculado diminuísse ligeiramente, a concentração de esperma diminuísse acentuadamente, e a produção de esperma por unidade de tempo aumentasse consideravelmente (Umesiobi et al., 2004; Umesiobi, 2006a). O volume do sémen e o número de espermatozóides diminuem à medida que o número de recolhas sucessivas aumenta (Lezama et al., 2003; Umesiobi, 2000b). Tendências semelhantes foram observadas por outros investigadores (Umesiobi & Iloeje, 1999; Umesiobi, 2006b) quando ejaculados sucessivos são recolhidos no mesmo dia, especialmente se a preparação sexual é intensa para cada ejaculado. Huang et al. (2004) relataram que 3,5 vezes mais espermatozóides móveis podiam ser recolhidos de varrascos quando seis ejaculados por semana eram recolhidos em comparação com um ejaculado por semana.

No entanto, 40% mais tempo foi necessário para obter um ejaculado na programação de seis ejaculados por semana. Esses pesquisadores também relataram que a produção máxima de espermatozóides poderia ser alcançada em um cronograma de uma ejaculação coletada diariamente. Estes autores concluíram que, com uma preparação sexual adequada, colheitas de espermatozóides semelhantes poderiam ser alcançadas através da recolha de dois a três ejaculados a cada 3 a 4 dias. Num estudo realizado por Barkawi et al. (2005), a estrutura histológica do testículo mostrou uma clara diferença entre estações - sendo mais ativa no verão e no outono, em comparação com a primavera e o inverno. Os túbulos seminíferos ocuparam a maior parte do espaço no tecido durante o inverno (76,6%). No entanto, o número de camadas espermáticas nos túbulos seminíferos e, consequentemente, a espessura dos túbulos foram máximos durante o outono e o verão. O número de camadas espermáticas, como melhor indicador da atividade testicular para o processo de espermatogénese, foi mais baixo durante a primavera e mais alto no outono (Barkawi et al., 2005).

2.5.1 GESTÃO DA RECOLHA DE SÉMEN

A recolha de sémen de varrascos é a atividade da IA. A organização e, por conseguinte, a gestão correta de todo o processo de colheita é fundamental. Existem várias responsabilidades não negociáveis que devem ser respeitadas em qualquer operação de IA. As responsabilidades e práticas de gestão necessárias para atingir o objetivo de obter um ejaculado de alta qualidade e, assim, maximizar o esperma colhido do javali incluem: 1. segurança dos funcionários: os javalis são inerentemente fortes e perigosos. Os funcionários nunca podem ter demasiada cautela ao manusear os varrascos; 2. segurança do varrasco: uma população saudável de varrascos é o coração do programa de IA.

A proteção contra lesões durante o processo de colheita é da maior importância. É necessária uma área de colheita com um piso antiderrapante para que os varrascos se movimentem com segurança durante a cobrição e a colheita de sémen (Pennington, 1990; Umesiobi et al., 2006a, b). A qualidade e a quantidade do ejaculado podem ser afectadas negativamente por um piso inadequado; 3. Prevenção da transmissão de doenças: os varrascos devem ser submetidos a testes sanitários (Umesiobi, 2000a) antes de entrarem nas instalações de isolamento, durante o período de isolamento e durante a permanência no centro de IA. Devem ser tomadas precauções para minimizar a troca de fluidos corporais entre os varrascos. A montagem dos varrascos numa provocação comum é uma fonte de contaminação. É essencial lavar as partes posterior e posterior do teaser com um desinfetante entre os varrascos, bem como escovar a área contaminada com um desinfetante abundante (Schenk et al., 1998; Umesiobi et al., 2000b); 4. A identificação exacta do ejaculado só pode ser conseguida se o varrasco for corretamente identificado.

Qualquer ejaculado que saia da área de colheita de sémen sem uma identificação inequívoca da fonte deve ser imediatamente descartado (Schenk et al., 1998); e 5. Animal de monta: as marrãs são normalmente utilizadas em instalações de colheita para estimulação sexual. Para obter estimulação sexual no menor tempo possível, pode-se usar uma combinação de montarias, montarias familiares em locais diferentes, ou novas montarias em locais diferentes. As montarias devem ser selecionadas com base no tamanho, temperamento e estado de doença (Umesiobi, 2000b).

2.6 AVALIAÇÃO DO SÉMEN

O sémen é recolhido através da utilização de uma vagina artificial (AV) ou do método da mão enluvada. Estes dispositivos são fabricados para simular, tanto quanto possível, a situação natural de reprodução. A intromissão e a ejaculação na AV são efectuadas pelo varrasco de uma forma quase idêntica ao acasalamento natural (Umesiobi et al., 1999, 2002). Uma vez que a cascata de ejaculação final resulta de estímulos tácteis para a glande do pénis do javali, a temperatura, turgidez e lubrificação da AV são importantes para o sucesso da colheita de esperma. Temperaturas da água da AV entre 39° C e 50° C são comuns. Um lubrificante estéril e não espermicida aplicado no terço superior do revestimento da AV melhorará a resposta do javali e minimizará as abrasões penianas.

O AV está equipado de forma a que o sémen seja drenado para um frasco de colheita. Depois de completada a colheita, o frasco é retirado, devidamente rotulado e preparado para processamento (Strzezek et al., 2000; Johnson et al., 2000). O coletor deve trabalhar com o varrasco durante todo o processo de preparação e determinar o momento ideal para a colheita seminal. Por rotina, a colheita de sémen é efectuada imediatamente após a conclusão do regime de falsa montagem. Para evitar a potencial transmissão de agentes patogénicos durante a colheita de sémen, os quartos traseiros do animal de monta devem ser eficaz e completamente desinfectados entre montagens sucessivas de varrascos. Além disso, o equipamento AV é cuidadosamente limpo e desinfectado ou esterilizado antes de cada utilização.

Um AV ou AV liner separado deve ser usado para cada ejaculado (Johnson et al., 2000). Uma avaliação completa do sémen inclui a determinação do volume do ejaculado e do número total de espermatozóides, e a estimativa da viabilidade dos espermatozóides. O sémen deve ser avaliado imediatamente após a colheita. Um javali geralmente ejacula 150 a 250 mililitros de sêmen, mas o volume pode variar de 50 a 500 ml (Almond et al., 1998). A contagem ou concentração de esperma é geralmente relatada em milhões de espermatozóides por ml de ejaculado. O número de serviços por ejaculado também pode ser avaliado se o número de espermatozóides por serviço for padronizado. A viabilidade do sémen é medida pela motilidade ou a percentagem de espermatozóides que mostram um movimento progressivo para a frente (Umesiobi & Iloeje, 1999; Huang et al., 2005).

A determinação da qualidade inicial de um ejaculado de varrasco é o primeiro passo no processamento do sémen e deve garantir que, antes do processamento posterior, será produzida uma dose de sémen de inseminação artificial de alta qualidade. São necessários métodos de rastreio eficazes para os ejaculados antes do processamento para melhorar o desempenho reprodutivo na exploração. Idealmente, os ejaculados que são cuidadosamente avaliados antes do processamento ajudam a identificar o sémen de má qualidade. As avaliações diárias da motilidade e morfologia grosseiras das amostras de sémen armazenadas ajudarão a garantir que as doses de sémen deteriorado não são utilizadas nas explorações (Umesiobi et al., 2000b; Umesiobi et al., 2006b). De acordo com Foote (2003) e Umesiobi (2008a, c), a avaliação do sémen ajuda os fisiologistas reprodutivos e os criadores a determinar a qualidade mínima do sémen que servirá de orientação para a aceitação ou rejeição dos ejaculados de varrascos à entrada no laboratório.

2.7 CARACTERÍSTICAS DO SÉMEN

Em operações típicas de suínos em grande escala, o sémen é recolhido uma ou duas vezes por semana de varrascos alojados em garanhões fora do local. Os ejaculados são então diluídos num extensor, criando assim doses múltiplas de inseminação que são transportadas para utilização em unidades de porcas comerciais. O funcionamento eficiente de uma coudelaria requer que os varrascos montem de forma consistente e expedita uma porca artificial para permitir a recolha de sémen e produzir ejaculados contendo um grande número de espermatozóides de óptima qualidade (Estienne & Harper, 2004).

2.7.1 CONCENTRAÇÃO DE ESPERMATOZÓIDES

Geralmente, há quatro parâmetros básicos que são medidos para avaliar a qualidade do sémen de varrasco: concentração de esperma, motilidade, morfologia e integridade do acrossoma.

Destes, a concentração e a motilidade são talvez mais rotineiramente usadas para classificar os ejaculados antes do processamento, uma vez que requerem a menor quantidade de tempo e são necessárias para calcular as doses de sémen/ejaculado. Medir a concentração do sémen ou o número total de espermatozóides não é um componente da avaliação da qualidade do sémen, mas é usado como uma ferramenta para monitorizar a saúde e o rendimento produtivo do varrasco, e também como a principal caraterística no processamento de ejaculados de varrasco para otimizar o potencial genético de um único indivíduo (Ciereszko et al., 2000). A avaliação exacta do número de espermatozóides não é o único fator para aumentar as doses de sémen por ejaculado e a eficiência dos garanhões em termos de produção de sémen (Ciereszko et al., 2000). As estimativas da qualidade do sémen, como discutido abaixo, devem ser integradas no processamento como um meio de garantir que um número suficiente de espermatozóides viáveis seja usado para a inseminação.

2.7.2 MOBILIDADE DOS CÉREBROS

A motilidade dos espermatozóides tem sido provavelmente o teste mais amplamente aplicado à qualidade do sémen, mas este é apenas um dos muitos factores que afectam a fertilidade. Números iguais de espermatozóides bovinos móveis inseminados em diferentes momentos em relação à ovulação resultam em diferentes números de espermatozóides associados a óvulos e embriões e taxas de fertilização estreitamente paralelas. A fertilidade ou esterilidade de um macho depende de vários factores, entre os quais os constituintes químicos do sémen, o número, a integridade morfológica, a motilidade, o metabolismo e a viabilidade dos espermatozóides. Estes factores, evidentemente, estão inter-relacionados no efeito da fertilidade ou probabilidade de fertilização.

Para iniciar a fertilização, os espermatozóides de mamíferos dependem das forças propulsivas geradas por seus flagelos para alcançar o local de fertilização no oviduto e penetrar nos investimentos do óvulo (Mortimer, 1997; Gadea, 2005). A conclusão mais importante nos ensaios de reprodução de varrascos é que a motilidade espermática pode ser usada para estabelecer o limite inferior de aceitabilidade do sémen usado para inseminação. Pesch & Bergmann (2006) relataram que a motilidade é de pouco valor analítico para ejaculados acima do nível de 60%. Eles observaram que as taxas de parto e o número de porcos nascidos vivos não eram diferentes entre ejaculados que continham mais de 60% de espermatozóides móveis. À medida que a motilidade aumentou para além dos 60%, o desempenho reprodutivo manteve-se constante. Em contraste, para ejaculados com menos de 60% de motilidade, houve uma relação altamente correlacionada, positiva e linear entre a porcentagem de espermatozóides móveis e o desempenho reprodutivo.

A motilidade bruta do ejaculado parece ser um componente importante da avaliação do sémen. Um estudo recente que avaliou e inseminou ejaculados divididos pouco tempo (<24h) após a colheita sugere que as taxas de parto e o tamanho das ninhadas diminuem quando a motilidade inicial do sémen é registada e utilizada a níveis inferiores a 62,5% (Umesiobi & Iloeje, 1999; Huang et al., 2004). No entanto, é importante considerar que o sémen de garanhões comerciais, a menos que seja entregue em mão após o processamento, raramente é utilizado dentro deste período de tempo. Como a motilidade do sémen diminui durante o armazenamento, as taxas mínimas de motilidade durante a avaliação inicial do sémen na coudelaria do varrasco devem ser superiores a 60%, e muitas coudelarias estabeleceram um nível de corte de motilidade entre 70-80% (Huang et al., 2004 Umesiobi, 2004).

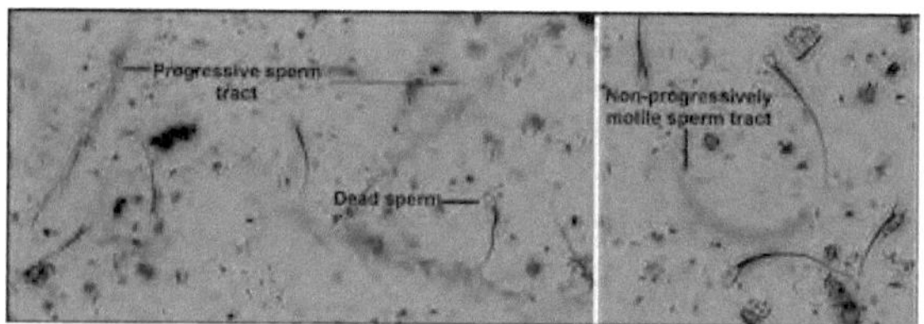

Figura 2.3 Motilidade dos espermatozóides ao microscópio

A taxa mínima de motilidade para o processamento de uma coleção de sémen em cada instalação deve basear-se no tempo de armazenamento projetado antes da utilização e no declínio esperado da taxa de motilidade durante este período de armazenamento (Huang et al., 2004). Os suinicultores devem também reconhecer que as condições de armazenamento e manuseamento do sémen são consideradas piores na exploração do que na maternidade. Por conseguinte, as amostras de sémen retidas na exploração para monitorização diária da qualidade terão muito provavelmente melhores taxas de motilidade do que as amostras homogéneas enviadas para a exploração. A comunicação entre os tratadores de porcas e os diretores das coudelarias de varrascos relativamente a esta discrepância permitirá à coudelaria selecionar um nível inicial de aceitação da taxa de motilidade que ajudará a garantir que, quando o sémen enviado for efetivamente utilizado, as taxas de motilidade sejam superiores a 60% (Foote et al., 2002.).

Estimativas visuais da percentagem de espermatozóides móveis por microscopia de luz são o método mais amplamente utilizado e aceitável. A habilidade e experiência do técnico influenciam muito a precisão relativa deste procedimento. Uma gota muito pequena de espermatozóides diluídos (a taxa de diluição deve ser padrão para todas as avaliações) é colocada em uma lâmina de microscópio aquecida e coberta com uma lamínula. A amostra deve ser diluída o suficiente para visualizar espermatozóides individuais com uma ampliação de 400 X. Embora as estimativas grosseiras possam ser derivadas da visualização de grupos de espermatozóides, os técnicos devem ser treinados primeiro para dar uma estimativa grosseira e, em seguida, contar 10 células em 5 campos diferentes e calcular a média da % de células móveis (apenas aquelas com motilidade para a frente) a partir da contagem para determinar a motilidade grosseira geral (Umesiobi & Iloeje, 1999; Umesiobi, 2000c; Gadea, 2005).

Quadro 2.1 Procedimentos e equipamento mínimos para a avaliação da qualidade do sémen de ejaculados de varrasco após a colheita e antes do tratamento

Procedimentos de avaliação	Equipamento necessário
1a. Avaliação visual e olfactiva do ejaculado	Nenhum
1b. Determinar o volume do sémen e a concentração de espermatozóides	Balança e um hemacitómetro ou fotoespectómetro
2. Motilidade	
a. Preparar uma diluição de 1:10 de sémen com extensor de sémen b. Rodar suavemente o sémen c. Retirar uma pequena amostra (5 a	

10 ml) e colocá-la num tubo de ensaio de vidro limpo.	
d. Se necessário, aquecê-lo até 36 - 37° centígrados (temperatura corporal).	Pequeno banho de água
e. Colocar uma pequena gota numa lâmina pré-aquecida e colocar suavemente uma lamela sobre a gota.	Aquecedor de diapositivos
f. Examinar imediatamente a amostra a 100x e depois a 400x. g. Estimar a percentagem de espermatozóides no campo que são progressivamente móveis. h. Examinar vários campos e estabelecer uma média. i. Registe a sua estimativa com uma aproximação de 5 ou 10 unidades percentuais.	Microscópio auto-iluminado com capacidade de ampliação de 100x e 400x e lâminas de vidro com lamela Pipeta de plástico pequena e descartável
3. Morfologia	
a. Após a estimativa da motilidade estar completa, deixar a lâmina arrefecer. A motilidade irá abrandar ou parar e as células espermáticas individuais podem ser observadas ou Preparar uma amostra de sémen corada utilizando o passo 4a, com uma mistura (1:1) de corante morfológico e	Icroscópio auto-iluminado com capacidade de ampliação de 100x, 400x e 1000x (óleo); lâminas de vidro e óleo de imersão Coloração de eosina-nigrosina

solução salina formal. b. Mudar para a objetiva de 400x e observar células individuais em vários campos. c. Estimar, em vários campos, a percentagem de células que são "normais" (ver exemplos de imagens).	
4. Integridade do acrossoma	Fases de contraste auto-iluminantes microscópio com capacidade de ampliação de 100x, 400x, 1000x (óleo)
a. A partir da mesma amostra de sémen da etapa 1a, preparar uma diluição 1:1 de sémen e uma mistura (1:1) de solução salina formal e corante de acrossoma numa lâmina de vidro. b. Colocar uma ou duas gotas de sémen e 1-2 gotas da mistura corante numa lâmina de vidro e misturar suavemente com a ponta de uma pipeta. Utilizar a extremidade de uma segunda lâmina para fazer passar a mistura sobre a lâmina plana, de modo a obter uma camada fina. Deixar a lâmina secar ao ar. Colocar uma gota de óleo de imersão para microscópio por baixo da lâmina e observar	Solução salina formal: 6,19 g de Na2HPO32H2O: 2,54 g de KH2PO4: 4,41gNaCL : 125ml38% formaldeído: 1000 ml de água destilada, amarelo de naftol ou corante de eritrocina

primeiro a 10x para focar, e depois mudar para 40x ou 100x e observar células individuais. (Assegurar-se de que não há óleo na lente que não é de óleo). d. Estimar, em vários campos, a percentagem de células que são "normais" (ver imagens de exemplo para normal vs. anormal).	

2.7.3 MORFOLOGIA

A avaliação morfológica dos espermatozóides tem uma longa história e é geralmente aceite que os desvios estruturais morfológicos específicos estão correlacionados com a subfertilidade e infertilidade masculinas. Embora muitos métodos diferentes e também novos sejam usados na análise do sémen, a microscopia ótica ainda é usada para a avaliação morfológica de rotina (Pesch & Bergmann, 2006). Avaliar a morfologia das células espermáticas (anormalidade) é outra forma de avaliar a viabilidade do sémen, mas este é um processo demorado que requer treino, prática e paciência. Na prática, as avaliações da morfologia serão frequentemente denotadas como aceitáveis ou inaceitáveis. Devido à natureza subjectiva de muitas avaliações de motilidade e morfologia, uma boa medida da qualidade geral do sémen pode ser a percentagem de colecções aceitáveis produzidas por um varrasco (Haugan et al., 2004; Gadea, 2005). A morfologia espermática e a integridade do acrossoma também são ferramentas eficazes para estimar a viabilidade do sémen e também podem fornecer mais informações sobre o ejaculado em termos de sua qualidade do que é possível apenas com uma avaliação de motilidade. Ambos os critérios são importantes para serem usados, juntamente com a motilidade, como determinantes para manter ou descartar ejaculados.

Como os espermatozóides móveis podem ser morfologicamente anormais, espermatozóides pouco móveis podem fertilizar óvulos e espermatozóides sem acrossomas intactos não podem fertilizar óvulos. Os garanhões que não avaliam todos estes três componentes da qualidade do sémen são susceptíveis de subestimar o verdadeiro potencial de fertilidade e qualidade de um ejaculado (Morrow, 2005).

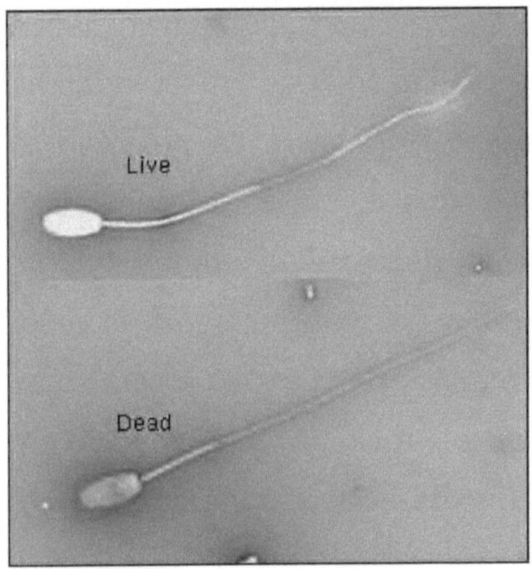

Figure 2.3 Vista microscópica de um espermatozoide vivo e de um morto

De acordo com relatórios de Crabo (1997), parece que uma certa percentagem de espermatozóides de morfologia normal é necessária numa dose de IA para otimizar as taxas de fertilidade. Colecções de sémen com menos de 70% de espermatozóides de morfologia normal podem ser identificadas como colecções inferiores se o sémen for utilizado a um nível igual ou inferior a este. Uma vez que a taxa de deterioração morfológica durante o armazenamento é provavelmente muito variável entre os varrascos, o nível de processamento inicial para espermatozóides normais é provavelmente maior do que 70% de morfologia normal quando o sémen é usado após longos períodos de armazenamento (>24 h) (Crabo, 1997; Willenburg et al., 2003).

Um exame morfológico grosseiro pode ser facilmente realizado ao mesmo tempo que o exame da motilidade do sémen; no entanto, os exames morfológicos ideais são realizados com microscopia de contraste de fase que permite uma maior distinção das membranas e partes do esperma. Uma avaliação precisa será obtida através da realização de contagens separadas para a morfologia da cabeça do espermatozoide, gotículas e morfologia da cauda. As contagens morfológicas devem ser efectuadas imediatamente sob microscopia de contraste de fase (400x ou 1000x) usando 1-2 gotas de sémen diluídas 1:10 com extensor de sémen. Se o sémen não puder ser analisado imediatamente (<30 min), as gotas de sémen são fixadas ou preservadas na lâmina com 0,5-1 ml de solução salina formal. Para além de preservar a amostra, os espermatozóides ficarão imobilizados e, portanto, muito mais fáceis de visualizar. As amostras podem ser visualizadas em montagem húmida ou seca e visualizadas sob imersão em óleo após a fixação. Deformidades na forma da cabeça, formação da cauda e gotículas citoplasmáticas (proximal - perto da cabeça; distal - meio da cauda) devem ser contadas como espermatozóides anormais (Zavos et al., 1994; Umesiobi et al., 1999b).

De acordo com as conclusões de Umesiobi (2000b), embora a incidência de gotículas proximais seja bastante baixa, a fertilidade, medida pela taxa de partos e pelo tamanho da ninhada, diminui gradualmente à medida que a prevalência de gotículas proximais (perto da cabeça) aumenta. O mesmo efeito parece ser verdadeiro, se não mais grave, para as gotículas distais (parte média) e, infelizmente, as gotículas distais são mais frequentemente encontradas nas colecções de sémen do que as gotículas proximais. Embora existam poucas referências científicas sobre o impacto das gotículas citoplasmáticas nos ejaculados de varrasco, foi sugerido que a incidência de gotículas plasmáticas não deve exceder 15% quando o sémen é armazenado durante longos períodos de tempo (pelo menos 2 dias) (Umesiobi et al., 1999b).

1.1.4 INTEGRIDADE DO AGROSSOMA

O acrossoma foi descrito pela primeira vez por Amann (1970), que o considerou como tendo uma função mecânica. Hafez (1974) encontrou semelhanças notáveis entre o desenvolvimento do acrossoma e a formação de gotículas secretoras no complexo de Golgi e propôs uma derivação do aparelho de Golgi da espermátide, que foi posteriormente confirmada por Pesch e Bergmann (2006). Silva et al. (2005) descrevem o acrossoma como um grande organelo secretor ácido derivado do Golgi/ER. Está repleto de enzimas hidrolíticas que estão organizadas numa espécie de matriz enzimática e a maioria das enzimas está fortemente glicosilada (Silva et al.& Gadella, 2005).

A membrana do acrossoma cobre os dois terços superiores da cabeça do espermatozoide e contém as enzimas necessárias para a penetração no oócito. Embora as avaliações do acrossoma sejam demoradas e exijam um tipo mais avançado de microscópio (contraste de fase) e técnica de operação, algumas pesquisas sugerem que a integridade do acrossoma pode ser uma indicação melhor da qualidade do esperma do que a motilidade (Iheukwumere et al., 2001; Umesiobi, 2004). O acrossoma é constituído por uma membrana interna e uma membrana externa que se fundem na parte distal do acrossoma e envolvem conteúdos amorfos, finamente granulados e densos em electrões. Está dividido em três segmentos diferentes: (a) a margem anterior, que é o segmento apical, (b) o segmento posterior à metade anterior, que é chamado de segmento principal, e (c) a porção caudal da capa, que é o segmento equatorial (Pesch & Bergmann, 2006).

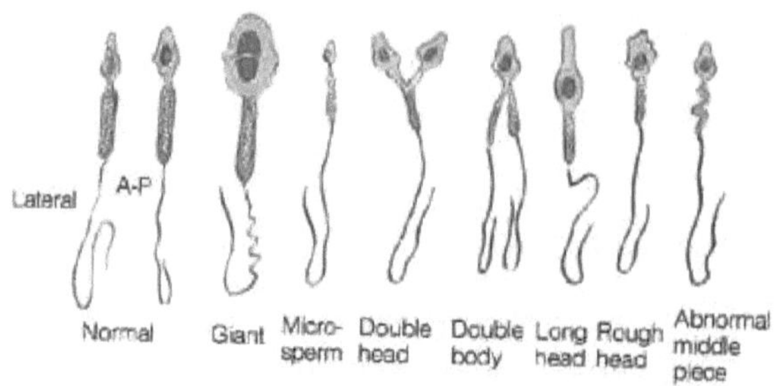

Figura 2.5 Anomalias comuns da cabeça, parte média, cauda e acrossoma dos espermatozóides

A integridade acrossomal pode ser examinada usando a mesma metodologia que o exame morfológico; no entanto, o exame de células espermáticas individuais deve ser realizado sob imersão em óleo com um microscópio de contraste de fase para ver a distinta "camada de acrossoma". Os ejaculados com menos de 51% de acrossomas intactos podem ser identificados como colecções inferiores se o sémen for inseminado a este nível (Umesiobi et al., 1999a). O mesmo princípio que para a motilidade e morfologia pode ser aplicado aos acrossomas, de tal forma que estes 51% de acrossomas normais são possivelmente demasiado baixos para a avaliação inicial quando o sémen vai ser armazenado durante longos períodos de tempo (Iheukwumere et al., 2001; Umesiobi, 2004). As estimativas de motilidade, morfologia ou integridade do acrossoma não parecem ser uma estimativa de fertilidade, mas são evidências básicas da viabilidade do esperma. Estas medidas descritas são mais susceptíveis de influenciar a fertilidade através da eliminação de ejaculados de má qualidade do que como um preditor da capacidade do ejaculado para gerar mais leitões ou engravidar uma fêmea.

1.1.5 UTILIZAÇÃO DE COLORAÇÕES PARA AVALIAR A MORFOLOGIA

São necessárias avaliações morfológicas grosseiras dos ejaculados individuais dos varrascos; no entanto, exames periódicos detalhados podem fornecer uma medida de controlo de qualidade para garantir que as estimativas grosseiras não estão a subestimar ou a sobrestimar a verdadeira qualidade morfológica de um ejaculado. Para realizar uma avaliação morfológica completa, são por vezes utilizadas colorações para acentuar o contorno da célula espermática sob um microscópio de luz. Este tipo de avaliação, em contraste com os exames morfológicos grosseiros, deve ser efectuado sob uma lente de maior potência (1000x: imersão em óleo) focada em células espermáticas individuais. Um exame morfológico detalhado é realizado utilizando três contagens separadas: uma para a cabeça, uma para o meio e uma para a cauda. Esfregaços de lâmina de vidro feitos a partir de uma diluição 1:1 de sémen em eosina-nigrosina (comercialmente disponível como "corante morfológico") são suficientes para a contagem diferencial da morfologia da cabeça do esperma. Cem espermatozóides totais são contados e a percentagem de espermatozóides normais é calculada (Foote et al., 2002). Outros corantes úteis para exames de morfologia são o corante de Williams para morfologia da cabeça do espermatozoide e o corante amarelo naftol e eritrocina para morfologia do acrossoma.

1.1.6 ASPECTO, COR E ODOR

Embora as avaliações microscópicas sejam o padrão para a aceitação ou rejeição de ejaculados, é importante não esquecer as caraterísticas visuais e olfactivas óbvias do sémen (Sutkeviciene et al., 2005). O ejaculado normal de um varrasco inteiro deve ter um volume considerável (>150 ml) e, dependendo da concentração, deve ter uma cor branca leitosa. A sua cor pode ser ligeiramente amarelada, mas normalmente tem um aspeto semelhante ao do leite magro. Ocasionalmente, podem estar presentes no ejaculado pequenas quantidades de sangue, normalmente provenientes da uretra, o que confere ao sémen uma tonalidade rosada. Isto normalmente não reduz a fertilidade ou a viabilidade do ejaculado, embora uma cor vermelha mais escura associada a um odor pungente deva ser motivo para descartar a coleção (Umesiobi &

Iloeje, 1999).

O sémen colhido não deve ter um odor percetível e, se tiver, é provável que os procedimentos sanitários durante a colheita tenham sido deficientes. Qualquer odor emitido é provavelmente reflexo dos fluidos do prepúcio (urina) que estão geralmente muito carregados de bactérias e contaminantes estranhos. Os antibióticos nos extensores de sémen destinam-se a controlar o crescimento de agentes patogénicos durante o armazenamento e não a reduzir ou combater a grande contaminação bacteriana nas colheitas de sémen. Os ejaculados devem ser avaliados quanto a odores diferentes, e descartados se detectados. Além disso, a cultura periódica de sémen está a tornar-se um procedimento operacional padrão na maioria dos haras de varrascos e deve ser conduzida em haras de exploração para monitorizar o saneamento das instalações e os procedimentos de processamento de higiene. As culturas bacteriológicas são relativamente baratas e são efectuadas em todos os laboratórios de diagnóstico. Embora a contaminação do sémen com bactérias seja quase inevitável, existe muito pouca informação científica sobre as interações entre o tipo e o nível de bactérias e a fertilidade (Flowers, 1998). No entanto, uma vez que a contaminação bacteriana tem sido associada a uma diminuição do tempo de armazenamento, aglomeração e infecções uterinas persistentes, é necessário testar periodicamente os ejaculados para detetar a contaminação bacteriana, identificar a fonte de contaminação e tomar medidas proactivas para reduzir a contaminação.

2.8 CHOQUE TÉRMICO E AGLOMERAÇÃO

É importante considerar o impacto das flutuações de temperatura nas células espermáticas quando o sémen não é encaminhado para o laboratório logo após a colheita (ou seja, transportado entre a exploração e o laboratório). Uma queda rápida na temperatura resultará em choque frio. Isto é evidente quando o esperma é inicialmente visto sob o microscópio. As caudas dos espermatozóides serão enroladas em torno da cabeça ou firmemente espiraladas sob a cabeça do esperma. Pequenos números de células de esperma exibindo esta aparência geral podem normalmente estar presentes num ejaculado; no entanto, mais de 10% de caudas enroladas em associação com uma temperatura inferior a 32° C é uma boa indicação de choque frio (Steverink et al., 1997; Umesiobi et al., 1999a). Pode não ser necessário descartar a amostra, mas considerar a diluição imediata com extensor, à mesma temperatura, para evitar mais danos.

Tabela 2.2 Lista parcial da flora bacteriana isolada dos ejaculados de varrasco (adaptado de Althouse et al., 2000)

Bactérias	**Fontes potenciais**
Bacillus sp. Actinobacillus sp. Staphylococcus sp. Flavobacterium sp. Klebsiella sp. Pseudomonas sp. Micrococcus sp. E.coli Citrobacter sp. Proteus sp. Actinomyces sp. Serratia sp. Enterobacter sp. Streptococcus sp.	Equipamento de laboratório, material descartável e não descartável, extensores em pó/reconstituídos, varrascos e equipamento para varrascos

Há dados disponíveis (Crabo, 1997; Willenburg et al., 2003) que sugerem que a aglomeração de espermatozóides tem um efeito significativo na fertilidade. No entanto, estas células são frequentemente espermatozóides não móveis que podem ter sido danificados durante o trânsito através do testículo ou traumatizados após a ejaculação. Outras possíveis causas para a aglomeração do sémen podem incluir grandes flutuações de temperatura durante o transporte (± 5° C), e contaminação bacteriana (Annop et al., 2005).

Quadro 2.3 Normas iniciais de qualidade do sémen e valor-limite sugerido para o sémen utilizado nas 24 horas seguintes à colheita (Flowers, 1998)

Caraterística da ejaculação	Valor normal	Valor limite
Volume da ejaculação[a]	100-500 ml	50 ml
Total de espermatozóides por ejaculado (x 10)[9a]	10-100	10
Motilidade progressiva[c]	70-95%	62 %
Aglomeração (% de cobertura do campo microscópico)	0-10 %	25%
Caudas enroladas	1-2 %	10 %
Anomalias morfológicas[0]	5-10 %	30 %
Anomalias do acrossoma[0]	5-10 %	49 %
Gotículas citoplasmáticas	< 5 %	15 %

É importante considerar o grau de aglomeração ao calcular a concentração de esperma, embora haja muito pouca evidência que sugira que a aglomeração no sêmen afete a fertilidade. No entanto, os espermatozóides aglomerados muitas vezes dissociam-se quando diluídos para contagem em espetrofotómetro ou hemacitómetro e o número de espermatozóides viáveis para doses de sémen pode ser grosseiramente subestimado se a prevalência de aglomeração de espermatozóides não for inicialmente considerada.

Ocasionalmente, é possível ver o movimento dos espermatozóides dentro desses aglomerados de células; no entanto, não há evidências suficientes de que essas células se dissociam após a inseminação (Levis & Reicks, 2005; Smital et al., 2005). Independentemente da motilidade aparente nos aglomerados, os ajustes na contagem total de espermatozóides devem ser baseados na ocorrência de aglomeração nesses ejaculados. A aglomeração pode estar associada a varrascos individuais; interações entre varrascos e extensores de sémen, e gestão.

2.9 EFEITOS DA PREPARAÇÃO SEXUAL NA PRODUÇÃO E VIABILIDADE DOS ESPERMATOZÓIDES

Umesiobi (2006b) definiu a produção diária de esperma (DSO) como o número total de espermatozóides libertados no ejaculado diariamente por um par de testículos. Foi demonstrado que a preparação sexual antes da colheita de sémen em varrascos, através de contenção sexual e uma série de falsas montarias, aumenta significativamente o número de espermatozóides no ejaculado (Umesiobi & Iloeje, 1999; Umesiobi et al., 2004). Da mesma forma, em carneiros, a preparação sexual sob a forma de uma falsa montaria e uma contenção sexual de três minutos antes da recolha de sémen produziu 278% dos espermatozóides recolhidos em comparação com os obtidos sem preparação sexual (Iheukwumere et al., 2001).

Em um estudo realizado por Lezama et al. (2003), testando o efeito da restrição de carneiros ou mudança da ovelha de estímulo no impulso sexual e na qualidade do sêmen de carneiros, onde o tempo de reação à primeira ejaculação e a latência entre as ejaculações foram registrados e ambos os ejaculados avaliados quanto ao volume e densidade espermática, destacaram o fato de que não houve diferença significativa entre três tratamentos para o volume de sêmen (0.78, 0,69 e 0,89 ml) e número de espermatozóides (2,97, 2,86 e 3,73 espermatozóides$\times 10^9$ /ml) para a primeira ejaculação. As estimativas correspondentes para a segunda ejaculação foram 0,65, 0,69 e 0,63 ml para o volume de sémen, e 2,97, 2,86 e 3,45 espermatozóides×10%ol para o número de espermatozóides.

O número de montas antes da primeira ejaculação foi de 2,8, 3,5 e 3,1 montas para os tratamentos 1, 2 e 3, respetivamente (P >0,05).

No entanto, foram detectadas diferenças significativas entre os tratamentos no número de montarias entre a primeira e a segunda ejaculação (2,5, 3,8 e 1,2). Por outro lado, a alteração do estímulo feminino para uma segunda ejaculação não teve efeito nas caraterísticas do sémen ou no intervalo inter-ejaculação. No entanto, isso aumentou o número de montarias necessárias para conseguir uma segunda ejaculação, enquanto que evitar o contacto físico com o animal de estímulo após a primeira ejaculação reduziu o número de montarias.

Além disso, Umesiobi (2006b) observou que três montagens falsas resultaram num aumento adicional de 40% na produção de esperma dos varrascos em comparação com uma montagem falsa. Umesiobi e Iloeje (1999) confirmaram que a magnitude da preparação sexual está diretamente correlacionada com o aumento de esperma no ejaculado, enquanto Flowers (1998) observou que a produção de esperma de um testículo cateterizado aumentou 62% durante a exposição a ovelhas em estro durante 24 horas. A produção diária de esperma está intimamente relacionada com a produção diária de esperma (DSP) e foi determinado que a DSP pode ser estimada através da quantificação do número de espermatozóides no ejaculado, uma vez que as reservas epididimárias tenham sido estabilizadas através de coletas frequentes (Umesiobi et al., 2004).

No javali, a estabilização da produção de espermatozóides pode ser realizada através da recolha de sémen durante 5-6 dias consecutivos, uma vez que as reservas gonadais tenham sido estabilizadas, a DSO é uma medida precisa da DSP com 79% da DSP contabilizada pela DSO no javali (Umesiobi, 2006a). Fatores que afetam a produção de esperma incluem tamanho testicular, estação do ano, idade, doença testicular, genética e ambiente. Os factores que afectam o número total de espermatozóides no ejaculado incluem os que afectam a produção de esperma, bem como a frequência da colheita ou da ejaculação, as condições impostas no momento da colheita, como a preparação sexual, o método de colheita de sémen e a administração de medicamentos exógenos, como o citrato de clomifeno (Umesiobi, 2006b).

No estudo de Umesiobi (2006b), a frequência de coleta não altera a taxa de produção de esperma. No entanto, a frequência da recolha afecta a composição do reservatório de esperma armazenado na cauda do epidídimo. O primeiro ejaculado obtido após um período de descanso terá mais espermatozóides do que os ejaculados subsequentes e, eventualmente, com a coleta frequente, o número de espermatozóides obtidos no ejaculado refletirá a produção diária de espermatozóides. Nesta altura, as reservas epididimárias estão estabilizadas. O método de recolha e o equipamento utilizado para obter ejaculados também tem um efeito significativo no número de espermatozóides recuperados. Os ejaculados obtidos por vagina artificial (AV) tinham significativamente mais espermatozóides do que os colhidos por electro ejaculação no touro.

Para além disso, a temperatura do AV tem um efeito no estímulo do macho para ejacular (Flowers, 1998). Foi demonstrado que a utilização da preparação sexual em conjunto com a colheita de sémen optimiza o número de espermatozóides no ejaculado do touro e do javali (Pruneda et al., 2005; Umesiobi, 2006a, b). Normalmente, a preparação sexual do javali inclui a utilização de uma porca em estro ou a utilização de feromonas sob a forma de descarga vaginal de uma porca em estro, preservada na cama ou noutros materiais absorventes. Infelizmente, a disponibilidade de porcas em cio e de feromonas é frequentemente limitada, pelo que os fisiologistas animais são obrigados a recolher sémen de varrascos sem preparação sexual. As colecções obtidas desta forma têm frequentemente um volume e um número total de espermatozóides reduzidos em comparação com as colecções obtidas com preparação sexual (Erp-van der Kooij, 2000; Estienne et al., 2000; Morrow, 2005). Esta diminuição da quantidade de espermatozóides sem preparação sexual é observada em várias espécies de mamíferos, incluindo o touro e o javali (Morrow, 2005; Umesiobi, 2006a). Por esta razão, este estudo propõe-se determinar os efeitos da preparação sexual (contenção sexual em conjunto com a falsa monta) dos varrascos na viabilidade do sémen e na subsequente capacidade de fertilização das porcas inseminadas artificialmente.

2.10 EFEITOS DA PREPARAÇÃO SEXUAL NA CAPACIDADE DE FERTILIZAÇÃO DAS PORCAS

É inegável a importância de uma deteção precisa do cio e de um momento correto para a inseminação. A exposição ao varrasco, em especial o contacto direto, bem como a interação positiva entre a porca e a fêmea, reduz o intervalo entre o desmame e o cio, aumenta o pico de LH e a ovulação e aumenta a probabilidade de conceção. O javali adulto provoca um forte reflexo de "ficar de pé" na porca em estro. Esta resposta inicial é geralmente seguida dentro de 20-30 minutos por um período refratário ou de recuperação durante o qual a porca não responde a mais estímulos do varrasco (Loula, 1997; Estienne et al., 2000). Pode levar mais de uma hora para que uma porca, mesmo em cio, responda positivamente de novo à estimulação sexual do varrasco.

Este facto sublinha a importância da exposição supervisionada, breve e intensa do varrasco na deteção do estro. A exposição prolongada é contraproducente. O ambiente de acasalamento também influencia o sucesso reprodutivo. Assegurar um cortejo adequado ou a estimulação do varrasco durante o acasalamento, quer seja natural ou artificial, é fundamental para otimizar a conceção, a taxa de gravidez e o tamanho da ninhada. As porcas mais prolíficas sentem-se confortáveis com o ambiente que as rodeia, são devidamente cortejadas ou estimuladas e respondem com um repertório de acasalamento completo. Não assegurar uma resposta natural de acasalamento na porca, ou um manuseamento brusco na altura do acasalamento, perturba o equilíbrio hormonal normal e o movimento do esperma, dos óvulos e dos primeiros embriões no trato reprodutivo. O acasalamento sem supervisão pode reduzir o desempenho reprodutivo, especialmente quando os varrascos são rudes ou excessivamente agressivos após a cópula ou se as porcas se tornam excessivamente agressivas após o acasalamento, reduzindo assim o desejo sexual futuro do varrasco (Estienne et al., 2000).

As porcas criadas em estábulos devem ser objeto de uma atenção ainda maior para que o seu potencial reprodutivo seja plenamente realizado. Os seus resultados reprodutivos dependem da sua perceção das interações porca-porca, varrasco-porca e homem-porca, sobre as quais podem exercer muito pouco ou nenhum controlo. As suas necessidades em termos de estimulação sexual total e de um momento correto de inseminação, para uma fertilização máxima, não são menores do que as das porcas acasaladas naturalmente alojadas em celas. No entanto, os desafios que se colocam ao criador para proporcionar as melhores condições a essas porcas são consideráveis (Loula, 1997).

2.11 EFEITOS DA VIABILIDADE DO SÉMEN NA CAPACIDADE DE FERTILIZAÇÃO DAS PORCAS

Um espermatozoide que acaba por resultar no nascimento de um leitão vivo é transportado do colo do útero através do útero e entra na junção uterotubária (Hunter, 1990). Nesta altura, liga-se a uma célula oviductal até ser libertado e, eventualmente, encontra um óvulo após a ovulação (Sirard et al., 1993). Durante a interação com o óvulo, um espermatozoide deve ligar-se e depois mover-se através da zona pelúcida (Miller, 2000). Isto permite-lhe entrar no espaço perivitelino e fundir-se com a membrana plasmática, o que eventualmente leva à união da sua informação genética com a do óvulo. Presumivelmente, um varrasco associado a uma alta taxa de partos e grandes ninhadas produz consistentemente inseminações que contêm um número suficiente de espermatozóides capazes de completar todas estas tarefas.

Foram desenvolvidos vários testes de qualidade do sémen para estimar a fertilidade do sémen. Vários deles documentaram que aumentos nas estimativas da qualidade do esperma estão associados a aumentos no tamanho da ninhada. No entanto, a eficácia relativa de cada um deles para determinar o número ideal de espermatozóides que devem ser incluídos nas doses de inseminação ainda não foi elucidada. Em resumo, o aumento da taxa de fertilização dos varrascos deve ser possível melhorando a qualidade do sémen, aumentando o número de espermatozóides inseminados e ajustando as estimativas da qualidade do esperma para ajustar o número de espermatozóides inseminados. No entanto, a magnitude das mudanças no tamanho da ninhada resultante destas estratégias é suscetível de variar consideravelmente entre os varrascos.

É fisiologicamente razoável assumir que existem duas caraterísticas básicas que são diretamente responsáveis pela influência de um varrasco no tamanho da ninhada: o número de espermatozóides inseminados e a proporção destes que conseguem envolver os óvulos com sucesso. Esta última é muitas vezes referida como a qualidade dos espermatozóides e pode ser estimada de várias maneiras diferentes, incluindo a monitorização de várias caraterísticas físicas e bioquímicas que permitem que os espermatozóides fertilizem os óvulos.

Se o aumento do número de espermatozóides pode ou não compensar a diminuição da qualidade do esperma é uma questão que é frequentemente colocada, mas ainda não foi resolvida. Isto é devido ao facto de que a maioria dos estudos examinaram o efeito destas variáveis no tamanho da ninhada independentemente ou usaram uma gama limitada de números de esperma ou classificações de qualidade (Flowers, 1997; Xu et al., 1998). Como resultado, a informação sobre o efeito das suas interações no tamanho da ninhada é limitada. O objetivo deste artigo é discutir a informação recente que examina a importância relativa do número e da qualidade dos espermatozóides inseminados em termos da maneira como eles afectam a capacidade dos varrascos produzirem porcos vivos.

2.12 INSEMINAÇÃO ARTIFICIAL

A inseminação artificial é o procedimento de apresentação do óvulo ao espermatozoide para a fecundação de uma forma não natural, ou "artificial", em vez de natural (Umesiobi & Iloeje, 1999). Assim, as variações e limitações do serviço natural são substituídas por um procedimento artificial que, embora não seja perfeito, abre a porta a um mundo de vantagens em relação ao serviço natural. A inseminação artificial requer uma gestão óptima para obter resultados óptimos.

A inseminação artificial (IA) em suínos não é uma técnica nova. Há relatos de recolha de sémen para inseminação desde os anos 30, e a utilização da IA na indústria suína sul-africana é agora comum (Umesiobi, 2008a, b). Uma das desvantagens da IA é o facto de poder exigir um nível de gestão mais elevado do que alguns sistemas de acasalamento de serviço natural. Por exemplo, existe uma maior probabilidade de erro humano associado à IA do que ao serviço natural. Quando um javali acasala naturalmente com uma porca, o sémen não está sujeito a grandes alterações ambientais e é geralmente depositado na fêmea mais do que uma vez durante um período que abrange a altura ideal para a fertilização. Em contrapartida, são possíveis muitas alterações ambientais quando o sémen é recolhido, diluído, transportado e depois depositado artificialmente.

As inseminações devem ser feitas corretamente e nos momentos ideais. Para obter uma taxa de conceção e um tamanho de ninhada elevados, a deteção do estro (controlo do cio) deve ser feita cuidadosamente e sem falhas (Umesiobi & Iloeje, 1999). Talvez a maior vantagem da IA seja o facto de permitir que o criador de suínos faça maior uso de genética nova e superior a um custo potencialmente mais baixo do que alguns sistemas de serviço natural e com menor risco de transmissão de doenças. De acordo com Estienne e Harper (2005), a compra de sémen permite a diversidade genética, que pode ser utilizada para otimizar os sistemas de cruzamento em explorações mais pequenas, e um maior progresso genético. Isto pode ser conseguido sem a despesa de comprar e manter um único varrasco superior. Além disso, os bons varrascos podem ser utilizados mais extensivamente do que os utilizados para o serviço natural, porque a IA aumenta o número de inseminações por ejaculado.

2.12.1 CICLO ESTRAL DOS SUÍNOS

O ciclo éstrico do porco dura em média 21 dias, mas pode variar entre 17 e 25 dias. O primeiro dia de cio, quando a fêmea está recetiva ao macho e se levanta para ser montada, é designado por dia 0. Os dois ou três dias em que a fêmea está sexualmente recetiva são designados por cio. O reflexo de ficar de pé é estimulado pelo contacto com um varrasco adulto (Umesiobi & iloeje, 1999). As glândulas salivares submaxilares do javali produzem feromonas que são segregadas na saliva. O contacto físico direto é a melhor forma de assegurar que estas substâncias químicas estimulantes sejam transmitidas à fêmea.

As feromonas sinalizam à fêmea que está presente um varrasco adulto e iniciam o reflexo de postura se a fêmea estiver em cio (Levis & Reicks, 2005). A fêmea pode ou não apresentar outros sinais visíveis, incluindo montar ou tentar montar outras fêmeas, uma vulva inchada e vermelha, muco na vulva, "estalos" nas orelhas e aumento da vocalização e da atividade. Nas marrãs, o cio pode durar apenas um ou dois dias, enquanto uma porca pode estar em cio durante três dias. Embora a ovulação (libertação do óvulo do folículo no ovário) ocorra normalmente 23-48 horas após o início do cio, este evento é extremamente variável (Estienne & Harper, 2005). É interessante notar que uma porca pode ovular antes do início do estro. É por esta razão que os produtores geralmente inseminam as fêmeas mais de uma vez.

2.12.2 DETECÇÃO DO CIO

Nunca é demais sublinhar a importância da deteção do estro num sistema de IA. É absolutamente vital para o sucesso de cada reprodução que o produtor seja exato na estimativa do início do estro. A deteção do cio duas vezes por dia é mais eficaz do que a deteção uma vez por dia, embora também consuma mais tempo e trabalho. O desafio da deteção do cio duas vezes por dia é que os benefícios só podem ser obtidos se ambos os controlos forem efectuados corretamente e com um intervalo de 12 horas o mais próximo possível. A frequência da deteção do cio determinará a exatidão da estimativa do início do cio. Para uma maior eficiência, a deteção do cio deve ser efectuada logo de manhã, antes da alimentação ou pelo menos uma hora depois da alimentação (Umesiobi et al., 2004).

O princípio consiste em efetuar a deteção do estro quando as marrãs e as porcas não estão distraídas ou frustradas. A deteção do cio deve ser efectuada numa cela neutra, com as fêmeas em grupos de 12 ou menos. Ao levar as fêmeas e o varrasco para uma nova cela, a precisão da deteção do cio será optimizada (Umesiobi et al., 1999a, b; Levis & Reicks, 2005). Este é um aspeto especialmente importante da deteção do cio em marrãs. No caso das porcas em celas de gestação, um varrasco deve ser bloqueado no corredor em frente de quatro ou cinco porcas de cada vez, para contacto individual e para garantir que o técnico possa observar todas as porcas para detetar o cio antes de elas se tornarem refractárias.

Pode aplicar-se manualmente pressão no dorso da porca, na presença do varrasco, para determinar o cio. O varrasco geralmente canta, saliva e tenta montar a maior parte das fêmeas. Uma fêmea em cio pode procurar o javali e fica de pé para ser montada. Uma fêmea em cio é retirada para o serviço logo que seja detectada como estando em cio. Isto também dá ao varrasco espaço para monitorizar as outras fêmeas (Landaeta-Hernàndez et al., 2001; Robinson & Buhr, 2005).

É fundamental acasalar a fêmea algumas horas antes da ovulação. No entanto, o momento da ovulação varia. As marrãs geralmente ovulam mais cedo após o início do estro do que as porcas. Existe também uma variação entre explorações, linhas genéticas e fêmeas individuais. Dado que as porcas permanecem em pé durante mais tempo do que as marrãs e que a ovulação, tanto nas porcas como nas marrãs, ocorre perto do final do estro, recomenda-se que, com controlos de cio duas vezes por dia, as marrãs sejam inseminadas 12 horas após a deteção do estro e as porcas 24 horas após a deteção do estro (Umesiobi et al., 2000, 2002, 2004).

Com a realização de cios uma vez por dia, a precisão da estimativa do início do estro diminui; por conseguinte, as marrãs e as porcas são geralmente criadas quando se encontram em estro. medida que os padrões de expressão e duração do estro são estabelecidos para uma determinada exploração, pode ser possível aperfeiçoar o momento e o número de inseminações. Além disso, recomenda-se que todas as fêmeas sejam acasaladas uma vez por dia, todos os dias em que estão no cio (Umesiobi, 2008a, b, c). Embora isto resulte potencialmente em algum desperdício de sémen, é a melhor forma de garantir que pelo menos um acasalamento seja optimizado em relação à ovulação.

2.12.3 O SISTEMA REPRODUTOR FEMININO

O sistema reprodutivo das fêmeas suínas é mais propício à IA do que o dos bovinos ou ovinos, pelo que a IA é menos morosa e mais fácil de realizar nos suínos. No entanto, a técnica correta e a compreensão do sistema são importantes para obter melhores resultados. A figura 2.6 mostra os órgãos reprodutores da fêmea. A vulva é a parte visível do trato reprodutivo da fêmea e pode estar vermelha e inchada antes ou na altura do cio. A vulva conduz à vagina, que se afunila no colo do útero. O colo do útero é constituído por várias cristas que actuam como uma barreira para impedir a entrada de bactérias, sujidade e outros materiais estranhos no útero.

Durante o estro, o colo do útero fica inchado, o que permite que a espiral ou o cateter de inseminação artificial fiquem "presos" nele .

("Spirette" refere-se a uma haste de inseminação com ponta de plástico em forma de espiral; "cateter" refere-se a uma haste de inseminação com ponta de espuma). Isto impede algum refluxo do sémen e inicia as contracções uterinas, que são essenciais para o transporte dos espermatozóides através do útero até ao oviduto, o local da fertilização. O ovário liberta os óvulos (oócitos) durante a ovulação e os oócitos entram no oviduto. No acasalamento natural, o pénis do varrasco (em forma de saca-rolhas) encaixa-se nas dobras do colo do útero e a pressão faz com que o pénis comece a ejacular.

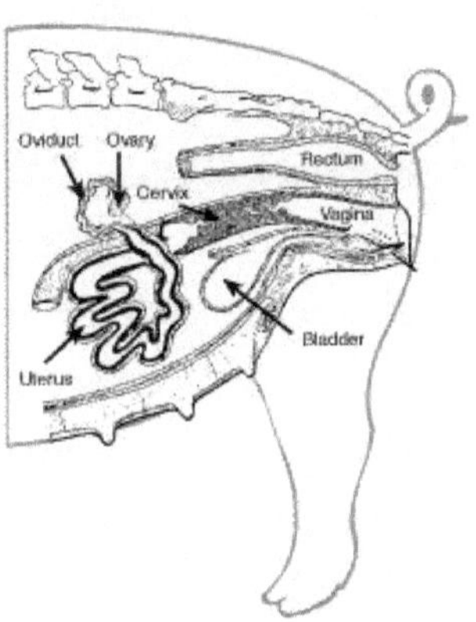

Figura 2.6 Anatomia reprodutiva da porca. Fonte: Hafez (ed.). 1974.

O sémen percorre o útero com a ajuda das contracções uterinas

Os espermatozóides ejaculados recentemente não são capazes de penetrar num óvulo e têm de estar presentes no aparelho reprodutor feminino durante duas a três horas para sofrerem as alterações biológicas necessárias à fertilização. Os espermatozóides recém ejaculados não são capazes de penetrar num óvulo e têm de estar presentes no trato reprodutor feminino durante duas a três horas para sofrerem as alterações biológicas necessárias para a fertilização. Este processo é chamado de capacitação do espermatozoide.

2.12.4 INSEMINAÇÃO DA FÊMEA

As diretrizes para a inseminação de fêmeas suínas, tal como postuladas por Singleton (2001), Foote (2002) e Niemann et al. (2003), são as seguintes

É uma boa ideia avaliar o sémen com um microscópio antes de o utilizar. O transporte, a diluição, a temperatura de armazenamento, as flutuações de temperatura e o período de tempo decorrido desde a colheita podem afetar o prazo de validade, a motilidade e a viabilidade do sémen.

Antes de inseminar a fêmea, utilizar uma toalha de papel para limpar a vulva.

Lubrificar a ponta da espiral ou do cateter com qualquer lubrificante não espermicida ou algumas gotas de extensor. Tenha cuidado para evitar que o lubrificante entre na abertura da espiral/cateter.

Guiar suavemente a espiral/cateter, com a ponta virada para cima, através da vagina até ao colo do útero (Figura 2.6). Nesta altura, o frasco de sémen diluído não está ligado à espiral/cateter. Manter a ponta da espiral/cateter para cima minimiza a possibilidade de esta entrar em contacto com a bexiga, o que poderia causar um refluxo de urina para a espiral/cateter. Se isto acontecer, é necessário um novo cateter, porque a urina mata os espermatozóides. Esta é a principal razão pela qual o frasco de sémen diluído não deve ser ligado à espiral/cateter até que o colo do útero tenha sido introduzido. Outra razão é evitar a exposição desnecessária do frasco a extremos de luz ou temperatura. Quando se utiliza o sistema de cochete em vez de um biberão, é comum colocar primeiro a cochete devido à destreza necessária para o fazer.

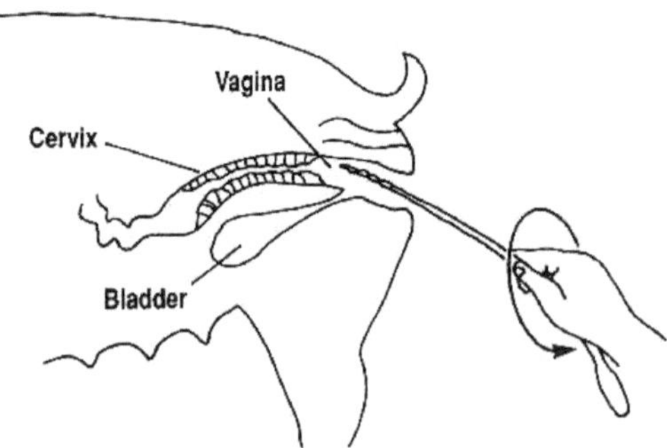

Figura 2.7 Introduzir a espiral ou o cateter num ângulo ascendente para evitar o contacto com a bexiga.

- Quando se utiliza uma espiral, uma rotação no sentido contrário ao dos ponteiros do relógio introduz a espiral no colo do útero (Figura 2.8). Nesta altura, pode sentir-se resistência puxando suavemente a espiral para trás. Quando se utiliza um cateter com ponta de espuma, o cateter nem sempre é inserido no colo do útero. Em vez disso, o cateter é posicionado contra o colo do útero. No entanto, alguns criadores empurram suavemente numa tentativa de inserir a ponta de espuma no primeiro anel cervical. Se a ponta de espuma estiver bem presa no colo do útero, sentir-se-á resistência quando o cateter for rodado.

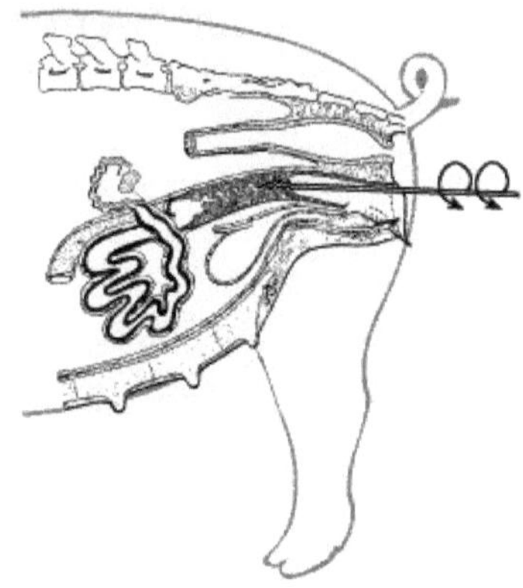

Figura 2.8 Utilizar uma rotação no sentido contrário ao dos ponteiros do relógio para inserir a espiral ou o cateter no colo do útero. Fonte: Hafez (ed.). 1974.

- Inverter suavemente o frasco de sémen diluído duas ou três vezes para misturar o sémen. Fixar o frasco na extremidade da espiral e descarregar o sémen lentamente. Pode ser necessário um aperto suave para iniciar o processo, mas depois disso o sémen deve ser absorvido pelas contracções uterinas. Normalmente, este processo demora pelo menos três minutos. Devido à variação da intensidade das contracções uterinas, as marrãs demoram normalmente mais tempo a inseminar do que as porcas. O depósito demasiado rápido do sémen provocará um refluxo do sémen para fora da vulva. Obviamente, o sémen que escorre para o chão é desperdiçado. É importante lembrar que este procedimento é uma tentativa de substituir o varrasco, que gasta cinco a dez minutos em cada reprodução.

• É de esperar um pequeno refluxo. Se ocorrer um refluxo excessivo, pare. Ou o sémen está a ser depositado demasiado depressa (o sémen tem de ser depositado a uma velocidade mais lenta) ou a espiral não está fixada no colo do útero. Se o fluxo de sémen parar, reposicione a espiral rodando-a um quarto de volta (se estiver a usar um cateter com ponta de espuma, mova-a suavemente para a frente e para trás) para reiniciar o fluxo de sémen. Além disso, a utilização de um alicate de corte ou de um canivete para fazer um buraco no frasco de sémen pode ser útil se o fluxo tiver parado devido a uma acumulação de vácuo.

• Se houver uma grande resistência ao fluxo de sémen, reposicionar a espiral, porque a ponta pode estar alojada numa prega cervical.

• O transporte de sémen e, portanto, a fertilização, pode ser ineficiente quando as fêmeas estão assustadas ou perturbadas; as fêmeas devem ser sempre manuseadas com calma e suavidade. O criador está a tentar imitar o varrasco, e a maior fertilidade ocorre quando isto é bem feito. Ter um varrasco presente, aplicar alguma pressão nas costas e massajar o flanco da fêmea durante a inseminação pode aumentar o número ou a intensidade das contracções uterinas que retiram o sémen do frasco e o transportam para o útero. Isto é especialmente verdade em marrãs reprodutoras. Se a fêmea tiver sido "fechada" e tiver de ser montada durante um longo período de tempo, pode tornar-se refractária (isto é, pode deixar de ser capaz de se manter na posição "fechada"). Se isto acontecer, basta retirar a fêmea da presença do varrasco durante pelo menos uma hora e depois tentar novamente. É importante que a fêmea inicie o reflexo de ficar de pé enquanto está a ser inseminada; isto provoca as contracções uterinas que são vitais para o transporte do esperma.

• Quando todo o sémen tiver sido depositado na fêmea, retire a espiral rodando-a no sentido dos ponteiros do relógio e puxando-a suavemente. Alguns criadores preferem deixar o cateter no local durante vários minutos para prolongar a estimulação cervical.

• Deve ser utilizada uma nova espiral/cateter em cada inseminação para eliminar a possibilidade de transmissão de uma doença ou infeção de uma fêmea para outra.

• Manter a fêmea num ambiente calmo durante 20-30 minutos. O stress nesta altura pode ainda perturbar o transporte do sémen e a fertilização.

2.12.5 FLUTUAÇÃO DE TEMPERATURA

As mudanças de temperatura são prejudiciais ao esperma do varrasco e devem ser evitadas. O choque frio é uma diminuição rápida da temperatura do esperma em relação à sua temperatura atual e o choque térmico é um aumento rápido da temperatura do esperma em relação à sua temperatura atual. Essas mudanças repentinas são muito prejudiciais para a saúde do esperma. Exemplos de choque de frio e calor seriam colocar um tubo de sémen estendido que foi armazenado a 17°C em cima de um parapeito de janela, balcão ou curral no inverno ou em cima de um parapeito de janela aquecido no verão. As doses de inseminação também devem ser protegidas de correntes de ar frio ou quente no estábulo, pois estas também podem danificar o esperma (Watson e Behan, 2002).

Para evitar alterações de temperatura nas doses de sémen durante a inseminação, as doses devem ser retiradas da cabina de armazenamento a 17°C e colocadas num refrigerador de plástico. Esta geleira é então utilizada para transportar e armazenar o sémen no estábulo de reprodução. A temperatura desta geleira deve ser estabilizada colocando duas ou mais bolsas de gelo em gel que também foram armazenadas na cabine de armazenamento a 17°C. Isso manterá uma temperatura uniforme no refrigerador que é segura para o esperma. Devido aos riscos de choque térmico e de frio, cada dose de inseminação não deve ser removida da câmara frigorífica no estábulo até pouco antes de ser necessária para a inseminação. Foote (2002) observou que múltiplas pequenas mudanças de temperatura e a inversão da direção da mudança de temperatura de uma dose de sémen também são prejudiciais. Por este motivo, Foote (2002) e Watson e Behan (2002) sugeriram que apenas o número de doses que serão efetivamente utilizadas para a inseminação deve ser retirado da câmara de armazenamento a 17°C e colocado na arca frigorífica de plástico para ser levado às porcas.

Quando as doses de inseminação são movidas do armário de armazenamento de 17°C para o refrigerador de plástico, elas começarão lentamente a aquecer, mesmo que os pacotes de gelo em gel que foram armazenados no armário de armazenamento de 17°C tenham sido colocados no refrigerador com o esperma. Se algumas das doses não forem usadas para inseminação e forem devolvidas ao armário de armazenamento de 17°C, elas irão arrefecer para 17°C. Esta inversão de temperatura deve ser evitada. A utilização de armários de armazenamento e refrigeradores portáteis para controlar a temperatura do sémen prolongado tem um benefício adicional. A luz ultravioleta também pode danificar o esperma e esses recipientes minimizam a exposição a esses raios nocivos (Singleton, 2001).

2.12.6 FADIGA DO INSEMINADOR

A fadiga do inseminador ocorre quando um técnico de reprodução insemina demasiados animais num curto período de tempo. Após 10 inseminações consecutivas por técnico, as taxas de parto começam a cair. Um bom objetivo é 7-8 inseminações por técnico por hora, com cada inseminação a demorar 5-7 minutos. Singleton (2001) sugere, portanto, que uma pequena pausa deve ser programada após cada hora. Isto pode ser conseguido carregando o refrigerador de plástico com não mais doses do que as que podem ser inseminadas numa hora. No final da hora, o técnico recebe uma pausa da inseminação, tendo de regressar ao

17°C para recolher mais doses e pacotes de gel frescos. Isto também ajuda a evitar as múltiplas pequenas mudanças de temperatura e a inversão da direção da mudança de temperatura de uma dose de sémen anteriormente descrita.

2.12.7 CIO E MOMENTO DA INSEMINAÇÃO

Durante o controlo do cio na presença de um javali, uma porca em cio mantém-se de pé durante 10 a 15 minutos após a estimulação (Umesiobi & Iloeje, 1999; Umesiobi, 2008a, c). Durante cerca de uma hora, a porca não voltará a levantar-se, mesmo na presença de um varrasco. Deve ter-se o cuidado de evitar que o varrasco esteja demasiado à frente do técnico de IA durante o controlo do cio e a reprodução. Se o varrasco estiver demasiado longe na linha das porcas, estas serão estimuladas demasiado cedo, quando o técnico de reprodução não puder observar o cio. As porcas em cio podem então não apresentar sinais de cio quando o técnico as alcançar.

Isto pode resultar na determinação incorrecta de que uma porca não está no cio, mesmo que esteja. Restringir o acesso do varrasco a apenas algumas porcas antes da que está a ser inseminada, utilizando portões ou tábuas, reduzirá consideravelmente a possibilidade de uma porca se tornar refractária a estímulos adicionais e perder o cio.

2.12.8 DESLOCAÇÃO DAS PORCAS APÓS A INSEMINAÇÃO

Se as porcas tiverem de ser deslocadas após a reprodução, devem sê-lo durante os primeiros 3 dias após a reprodução ou após o 30.o dia de gestação. O período compreendido entre os dias 3 e 30 é o período de migração e implantação dos embriões; a deslocação das porcas durante este período pode provocar abortos espontâneos e/ou reduzir o tamanho das ninhadas (Estienne & Harper, 2005). Estas observações estão em consonância com o relatório de Ciereszko et al. (2000), que referem que devem ser respeitados os seguintes procedimentos quando as porcas são deslocadas para a IA:

1. As mudanças de temperatura do sémen prolongado podem ser minimizadas mantendo as doses de inseminação em refrigeradores de

plástico com embalagens de gel congelador a 17°C enquanto estiverem no estábulo de reprodução.

2. Evitar a fadiga do inseminador, levando para o estábulo de reprodução apenas as doses que podem ser inseminadas numa hora.

3. Durante o controlo do cio, evitar estimular as porcas demasiado cedo, uma vez que podem tornar-se refractárias à estimulação do varrasco e o cio pode não ser detectado.

4. Não deslocar as porcas entre o 4º dia após a reprodução e o 30º dia de gestação.

2.13 RESUMO

A avaliação da libido foi considerada um melhor preditor da fertilidade dos machos reprodutores naturais do que a avaliação do sémen. No entanto, a colheita da quantidade e qualidade máximas de espermatozóides é de extrema importância numa inseminação artificial. O espécime recolhido deve, tanto quanto possível, assemelhar-se ao ejaculado emitido durante a relação sexual, se o fator de infertilidade masculina for devidamente identificado e tratado. As caraterísticas seminais nas várias espécies animais podem ser influenciadas por factores como a frequência da colheita, o grau de estabilização das reservas epididimárias de esperma e a extensão da estimulação sexual (Zavos et al., 1994).

É importante lembrar que algumas dessas medidas são difíceis de determinar com precisão e a qualidade do sémen não deve ser abordada como um valor absoluto. Também deve ser reconhecido que a orientação do esperma e as preparações de lâminas podem influenciar significativamente os valores contados. Por exemplo, os acrossomas só podem ser vistos se o espermatozoide estiver deitado na lâmina microscópica, uma vez que os espermatozóides que não estão deitados podem parecer não ter acrossomas quando na verdade têm. As técnicas descritas aqui cumulativamente nos fornecem a melhor estimativa do potencial de fertilização do ejaculado de javali. A exclusão de uma ou mais destas medições para avaliar a qualidade do sémen de varrasco não garantirá totalmente a apresentação de um produto de qualidade, criando assim o potencial para desempenhos reprodutivos inferiores na exploração de porcas que acabarão por ser atribuídos à fonte de sémen.

Entre outros, estes benefícios incluem a utilização de varrascos geneticamente superiores, a redução da transmissão de doenças e a diminuição dos custos de alojamento dos varrascos. É necessária uma atenção cuidadosa aos pormenores para utilizar a IA com êxito num sistema de produção. Um programa de IA bem sucedido depende de uma deteção eficaz do cio, de uma higiene adequada, de um manuseamento e armazenamento corretos das doses de inseminação e de uma técnica de inseminação adequada. A chave para afinar com êxito qualquer programa de IA é compreender a razão de ser de cada ajustamento e as situações de produção em que um determinado ajustamento é suscetível de ser benéfico.

Capítulo 3 Conceção da investigação e metodologia

3 METODOLOGIA

3.1 LOCAL DE EXPERIMENTAÇÃO E GESTÃO DOS ANIMAIS

Doze javalis Large White (com 2,0 anos de idade) e 36 porcas da mesma raça e idade foram escolhidos aleatoriamente numa unidade de suinicultura das Prisões de Grootvlei, Bloemfontein, África do Sul. A prisão de Grootvlei situa-se a uma altitude de 1351 m, a uma latitude de 29° 06' Sul e a uma longitude de 26°18' Este. Os varrascos experimentais foram treinados para montar a porca artificial aos 6 a 8 meses de idade. A experiência foi realizada durante o período de outubro de 2006 a setembro de 2008. Os protocolos de pesquisa foram conduzidos em pocilgas de 4,5 m x 4,5 m.

Os compartimentos individuais tinham uma combinação de betão e pavimento sólido de varão de aço e estavam equipados com um bebedouro de tetina. Os animais foram alimentados com um limite de 2 kg/dia, com uma dieta fortificada à base de milho e farinha de soja que satisfazia ou excedia as recomendações nutricionais do NRC (1998) para varrascos e porcas reprodutores. As dietas e a descrição completa das práticas de maneio dos animais experimentais foram relatadas por Umesiobi (2000) e Umesiobi et al. (2004). Todas as medições foram registadas durante todo o período do estudo, que durou 24 meses (outubro de 2006 - setembro de 2008).

3.2 PREPARAÇÃO SEXUAL E SELECÇÃO DE VARRASCOS

Antes da preparação sexual, os varrascos foram recrutados aleatoriamente e treinados durante duas semanas para se familiarizarem com o protocolo experimental com base nos métodos utilizados por Umesiobi e Iloeje (1999), Umesiobi (2004) e Umesiobi (2006b). Os critérios para a seleção destes animais foram adaptados de Umesiobi e Iloeje (1999), Umesiobi et al. (2004)

e Umesiobi (2006a, b), tendo sido recolhidos dois ejaculados sucessivos por vagina artificial (Figuras 3.3) e as porcas inseminadas em seguida (Figura 3.2).

Figura 3.1 Preparação sexual dos suínos experimentais

Os varrascos experimentais foram aclimatados à arena de teste e ao criador durante duas semanas antes do primeiro teste de avaliação do desempenho. Os protocolos de preparação sexual de 30 minutos foram realizados num teste de cercado de 30 minutos após zero (0MR), cinco (5MR) e dez (10MR) minutos de restrição sexual às 8h30 e 14h30 do período diurno, e foram utilizados para avaliar a viabilidade do sémen do varrasco e a fertilidade subsequente de porcas inseminadas artificialmente (IA), utilizando os procedimentos descritos anteriormente por Umesiobi e Iloeje (1999), Umesiobi et al. (2004) e Umesiobi (2008a, b, c).

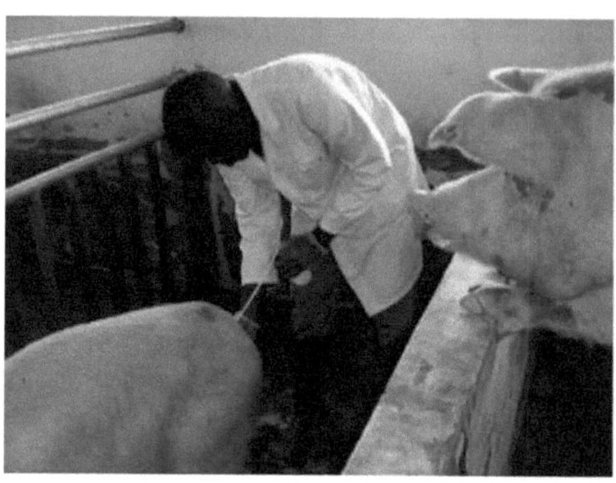

Figura 3.2 Inseminação artificial pré-experimental após a preparação sexual do varrasco

A montagem e a ejaculação imediata proporcionaram um ponto final definido e claramente reconhecível, para estabelecer que um varrasco foi suficientemente estimulado sexualmente. Normalmente, não é necessário mudar os animais de estímulo e o local de recolha do sémen para estimular a maioria dos varrascos ou para manter o seu interesse sexual durante a provocação.

3.3 RECOLHA E AVALIAÇÃO DO SÉMEN

O sémen foi recolhido dos varrascos imediatamente após 0MR, 5MR e 10MR de preparação sexual, às 8h30 e 14h30 diurnas, com um dispositivo de vagina artificial ligado a um frasco de sémen graduado (Figura 3.3) para facilitar a avaliação do sémen. Foram utilizados doze varrascos adultos da raça Large White para recolher o sémen de porcas receptivas em estro. O sémen foi colhido por vagina artificial (AV) e imediatamente coado através de um pano de queijo para remover a parte gelatinosa. A fração rica em esperma e as fracções pré e pós-espermatozóides do ejaculado foram recolhidas separadamente em recipientes isolados pré-aquecidos a 37° C como demonstrado anteriormente por Morrow (2005) e Umesiobi (2008a, b, c).

O sémen de cada um dos 12 javalis Large White que foram utilizados neste estudo foi avaliado quanto à viabilidade. Volume de sémen, percentagem de espermatozóides progressivamente móveis, espermatozóides vivos, concentrações de ejaculado e morfologia acrosomal exemplificada pela crista apical normal (NAR), crista apical danificada (DAR), crista apical ausente (MAR) e tampa acrosomal solta (LAC) foram avaliados para os ensaios de viabilidade. Um mínimo de 45% de crista apical acrosomal normal (NAR) e 35% de motilidade espermática foi considerado aceitável para uso na inseminação artificial (IA), como sugerido por Umesiobi (2000, 2004). Os varrascos foram utilizados rotineiramente para o programa de IA e foram afectados a um horário de recolha duas vezes por semana.

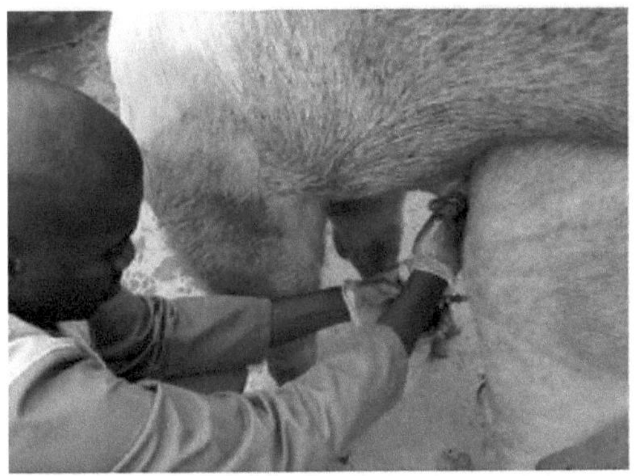

Figura 3.3 Colheitas de sémen utilizando um dispositivo de vagina artificial

A fração rica em esperma foi considerada como a porção do ejaculado que era distintamente "leitosa" (Figura 3.4) na aparência, em oposição às fracções "aquosas" pré e pós-espermatozóides. Os volumes de sémen em ml foram registados após a colheita. As caraterísticas do sémen foram analisadas no Laboratório de Agricultura da Universidade Central de Tecnologia, Free State, enquanto outras caraterísticas foram analisadas no Laboratório Veterinário, Divisão Veterinária Nacional do Departamento de Agricultura, Bloemfontein. A motilidade foi analisada ao microscópio enquanto o hemacitómetro SpermCue® foi utilizado para a determinação da concentração de esperma. A motilidade progressiva do esperma (%) foi estimada de 0 a 100 usando um microscópio de luz (Umesiobi, 2004; Umesiobi et al., 2004).

Figura 3.4 Uma fração normal rica em espermatozóides em exposição

A percentagem de espermatozóides vivos foi determinada por coloração vital com eosina-negrosina. A morfologia acrossomal foi avaliada misturando uma tinta da china de alta qualidade com sémen numa lâmina e a mistura foi depois retirada para fazer um esfregaço fino. O esfregaço foi lido utilizando um microscópio de luz com uma ampliação de 400x. O sémen de cada grupo experimental foi então recolhido e os espermatozóides de cada varrasco foram utilizados (3 x 10^9 espermatozóides/80 ml/porca) para inseminar artificialmente 3 porcas sincronizadas com o estro (duas vezes), 12 e 24 horas após o início do estro (Umesiobi e Iloeje, 1999; Strzezek et al., 2000).

3.4 ROCEDIMENTO DE INDUÇÃO DO ESTRO E INSEMINAÇÃO ARTIFICIAL

O estro foi sincronizado nas porcas experimentais através de uma única injeção subcutânea de PG 600® (400 UI de PMSG com 200 UI de HCG/5 mL de dose/animal; Intervet Inc., Millsboro, DE). As porcas foram controladas quanto à presença de estro duas vezes por dia, proporcionando-lhes o contacto com um javali provocador durante um mínimo de 15 minutos, com início 12 horas após a injeção de PG 600®. Cerca de 72 horas após a injeção de PG 600®, todas as porcas receberam 1000 UI de HCG (Intervet Inc.,

Millsboro, DE), para induzir a ovulação às 40 horas (Umesiobi et al., 2002; Umesiobi, 2006b). Após o início do estro, as porcas de cada tratamento foram inseminadas artificialmente com sémen dos mesmos varrascos e colecções. Todas as fêmeas experimentais receberam inseminações de 3 x 10^9 esperma/80 ml às 12 e 24 horas após o início do estro.

Todas as fêmeas foram inseminadas com um cateter spirette (Minitube Inc., Verona, WI) (Figura 3.2). Foi registada a capacidade de fertilização, exemplificada pela taxa de conceção definida como taxa de não retorno (NRR), taxa de parto e tamanho da ninhada (com base no total e nos leitões vivos). Figura 3.2 Inseminações artificiais utilizando um cateter spirette (Minitube Inc., Verona, WI). As 36 porcas Large White utilizadas no programa de IA foram distribuídas aleatoriamente pelos 12 varrascos, para garantir a manutenção da igualdade entre os tratamentos.

Uma vez que a aceitação do varrasco é o melhor indicador de cio nas porcas (Umesiobi et al., 2002), foi utilizada uma lista de expetativa de cio, baseada num cio anterior de 21 dias, para detetar porcas em cio e, consequentemente, um método preciso de deteção de porcas que regressam ao serviço. As porcas em cio foram detectadas exercendo pressão na região sacro-lombar ou sentando-se numa posição de equitação nos quartos traseiros da porca. As porcas foram inseminadas 12 a 24 horas após o início do primeiro estro após o desmame. Foi utilizado um cateter longo (Verona, Minitube Germany Inc.) para todas as inseminações (figura 3.2). 100 ml de sémen diluído foram aquecidos a cerca de 20° C e depois injectados lentamente, tanto quanto possível, no colo do útero.

3.5 ESTIMATIVA DE FERTILIDADE

A fertilidade foi definida por Umesiobi et al. (2002) e Willenburg et al. (2003) como taxa de não retorno (NRR) e avaliada como a percentagem de porcas que conceberam (porcas que não voltaram ao serviço) em relação ao número total de porcas de um bando que foram inseminadas artificialmente num determinado período de tempo. A seguinte equação foi utilizada para estimar a fertilidade:

Fertilidade total (%) = $\sum NRP \div \sum IP \times 100$

Onde:

IP = Total de porcas inseminadas (n = 36)

NRP = Total de porcas não devolvidas (n = 26)

A fertilidade foi ainda avaliada pela percentagem de porcas que pariram e pelo total de leitões (tamanho da ninhada) nascidos por ninhada.

3.5 ANÁLISE ESTATÍSTICA

Os dados foram analisados utilizando o procedimento de modelo linear geral do SAS (2002 SAS, Versão 9.1). O modelo estatístico incluiu a classificação da restrição sexual dos varrascos (0, 5 e 10R) e dos varrascos individuais (varrascos reprodutores) dentro dos grupos de tratamento. Como os dados do teste de libido para montagens, tempo de reação e ejaculações eram discretos, estes foram analisados usando o teste de Wilcoxon, e apresentados como médias de mínimos quadrados (± s.e.). As estimativas de fertilidade foram testadas através da análise do Qui-quadrado (McDonald, 2008). As diferenças entre as médias dos tratamentos foram testadas quanto à sua significância.

Capítulo 4 Resultados e discussão

4.1 RESULTADOS

4.1.1 PREPARAÇÃO SEXUAL DO VARRASCO E TESTES DE VIABILIDADE DO SÉMEN

As médias dos mínimos quadrados (± s.e.) para o teste de viabilidade do sémen dos varrascos após três níveis de restrição sexual e dois períodos diurnos são apresentadas na Tabela 4.1. Os resultados deste estudo indicam que o volume de sémen não foi significativamente diferente (P > 0,05) no grupo de controlo (0MR) e 5MR e os seus períodos diurnos associados (0MR8h30, 0MR14h30 e 5MR14h30).

Tabela 4.1 Médias dos mínimos quadrados (± e.p.) para o teste de viabilidade do sémen de varrascos após três níveis de restrição sexual e dois períodos diurnos 0 MR 5 MR 10 MR

Parâmetros do sémen	0MR;08:30	5MR;08:30	10MR;08:30
Número	36	36	36
Volume do sémen (ml)	103.23 ± 6.15	143.33 ± 5.23[ab]	120.81± 9.16[a]
Motilidade (%)	63.31 ± 3.80	72.50 ± 4.42[a]	70.00 ± 2.58[a]
Concentração de sémen por ml $(x10)^6$	680.40 ± 35.36	762.29 ± 39.10[a]	670.50 ± 40
Concentração de sémen por ejaculado $(x10)^9$	107.83 ± 3.47	132.93 ± 1.76[ab]	109.55 ± 3.37
Espermatozóides vivos (%)	60.83 ± 3.26	67.50 ± 2.14[a]	70.83 ± 3.52[a]
Espermatozóides normais (%)	60.83 ± 2.71	66.67 ± 2.79[a]	62.50 ± 2.81
Morfologia do acrossoma			
Crista apical normal (%)	56.16 ± 4.33	68.50± 7.82[a]	74.33 ± 3.46[ab]
Crista apical danificada (%)	16.67 ± 5.26	15.50 ± 5.90	7.66 ± 4.0[a]
Crista apical em falta (%)	8.65 ± 2.75	6.16 ± 7.11[a]	6.48 ± 2.73[a]

Capa acrosomal solta (%)	7.20 ± 3.00	7.00 ± 2.48	6.83 ± 2.15
	0MR;14:30	**5MR;14:30**	**10MR;14:30**
Número	36	36	36
Volume do sémen (ml)	113.35 ± 13.64	116.67 ± 8.82[b]	118.50 ± 10.70[b]
Motilidade (%)	69.16 ± 3.74	69.71 ± 2.47[a]	70.83 ± 2.39[a]
Concentração de sémen por ml (x106)	655.00 ± 10.45	702.80 ± 57.14[a]	736.50 ± 58.53[a]
Concentração de sémen por ejaculado (x109)	112.81 ± 2.66	113.00 ± 2.77[a]	118.85 ± 3.34[b]
Espermatozóides vivos (%)	61.67 ± 3.57	62.17 ± 3.27[a]	66.17 ± 2.89[c]
Espermatozóides normais (%)	60.00 ± 2.24	63.33 ± 5.1[a]	66.60 ± 5.11[b]
Morfologia do acrossoma			
Crista apical normal (%)	56.50± 3.09	61.20 ± 4.61[a]	65.67 ± 4.40[c]
Crista apical danificada (%)	31.83 ± 12.85	21.83 ± 5.54[a]	18.17 ± 6.70[c]
Crista apical em falta (%)	8.00 ± 1.88	15.33 ± 3.22	7.50 ± 1.28[a]
Capa acrosomal solta (%)	3.83 ± 1.09	5.67 ± 1.72	2.68 ± 1.13[b]

*[a,b,c,d,e] Os valores médios para cada caraterística com letras diferentes sobrescritas foram diferentes (P<0,05); *=(P<0,01),-**=(P<0,001) * Os valores são médias de mínimos quadrados ± erro padrão; MR = Minutos de contenção sexual*

No entanto, os níveis de estimulação sexual e o período diurno melhoraram significativamente o volume de sémen às 5MR14h30, 10MR8h30 e 10MR14h30, respetivamente. O volume de sémen mais elevado foi obtido em varrascos após 5MR às 14h30. A análise de um desenho fatorial 2X3 revelou uma diminuição do volume de sémen na colheita da manhã em comparação com a colheita da tarde. Como mostra a Figura 4.1, a hora da colheita do sémen teve uma influência negativa na 0MR, mas uma influência positiva na 5MR e na 10MR a hora da colheita do sémen não teve influência no volume do sémen.

Diferenças significativas (P < 0,05) foram encontradas na Motilidade em 5MR14h30, 10MR8H30 e 10MR14h30. Mas a porcentagem de espermatozóides móveis foi quase a mesma (P > 0,05) nos grupos controle, 5MR8h30 e 5MR14h30. Curiosamente, a maior motilidade espermática foi registada em 5MR durante as horas da tarde (14h30).

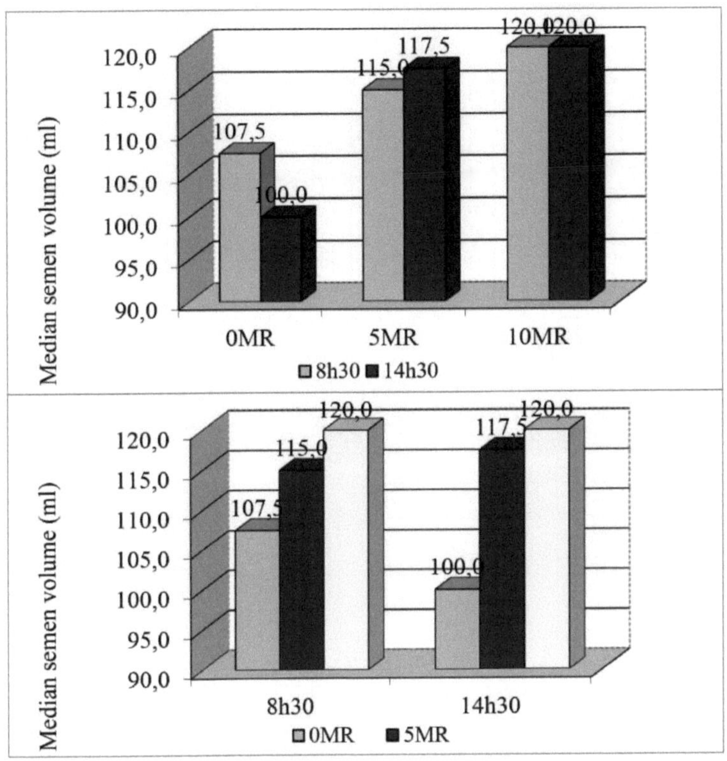

Figura 4.1 Mediana do volume de sémen após diferentes níveis de contenção sexual e período diurno

A motilidade do esperma indica ter sido influenciada pelo nível de estimulação sexual em 5MR durante a tarde (14h30), mas diminuiu ligeiramente durante a amostragem de 14h30 (recolha de sémen) em 10MR em comparação com 5MR, mas aumentou em comparação com 0MR (controlo). A motilidade não foi influenciada pelo nível de estimulação sexual entre 0MR e 5MR pela manhã (08h30), mas foi negativamente influenciada pelo nível de estimulação durante 10MR pela manhã (Figura 4.2). O tempo de coleta de sêmen indica ter tido uma influência sobre a motilidade do esperma, a motilidade diminuiu durante a coleta da tarde em 0MR, mas aumentou significativamente durante 14h30 em 5MR e 10MR à tarde.

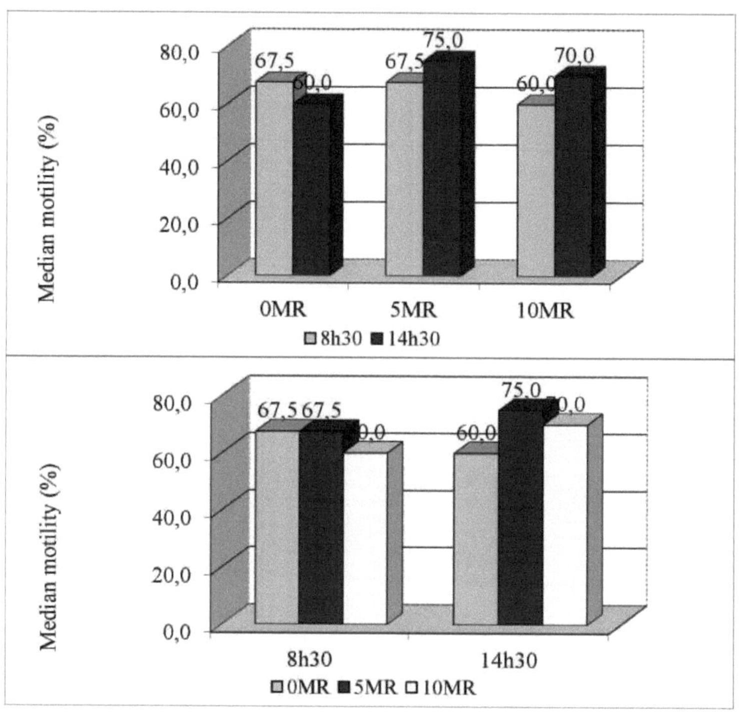

Figura 4.2 Motilidade mediana após diferentes níveis de contenção sexual e período diurno

Como demonstrado na Tabela 4.1 e na Figura 4.3, a concentração de sémen por ml não foi significativamente diferente nos níveis de excitação sexual de 0MR nos períodos diurnos da manhã e da tarde, respetivamente. Mas diferenças significativas ($P < 0,05$) foram encontradas na concentração de sémen por ml a 5MR e 10MR durante 8h30 e 14h30, respetivamente. A concentração de sémen por ml aumentou durante a 5MR, tanto na recolha da manhã (08h30) como da tarde (14h30), mas diminuiu ligeiramente durante a 10MR, tanto na recolha da manhã como da tarde.

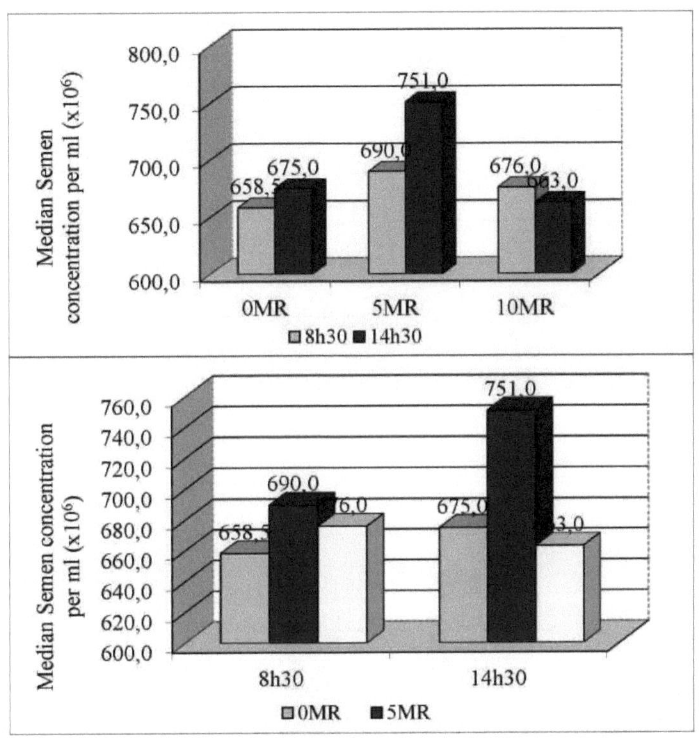

Figura 4.3 Concentrações medianas de sémen por ml após diferentes níveis de contenção sexual e período diurno

Verificou-se um aumento significativo a 5MR tanto de manhã como à tarde, mas a concentração de sémen por mililitro à tarde aumentou em comparação com a da manhã, mas diminuiu a 10MR em comparação com a 5MR. O tempo de recolha do sémen teve uma influência positiva tanto na 0MR como na 5MR, mas teve uma influência negativa na concentração de sémen por ml à tarde e, em comparação com ambos os níveis (0MR e 5MR), na 10MR. Os níveis de restrições sexuais tiveram uma influência negativa sobre a concentração de sémen por ejaculado de manhã (08h30), causando um declínio em todos os níveis de tratamento (5MR e 10MR) de manhã, respetivamente, mas aumentou a 5MR à tarde (14h30) e durante 10MR em comparação com 0MR (controlo), mas diminuiu ligeiramente em comparação com 5MR à tarde

(Figura 4.4).

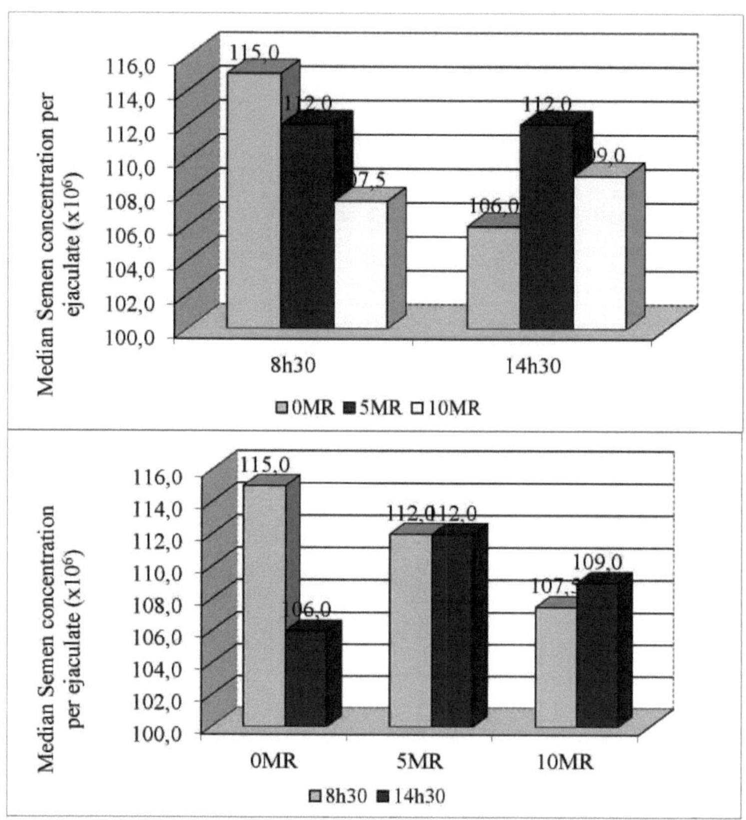

Figura 4.4 Concentrações medianas de sémen por ejaculado após diferentes níveis de contenção sexual e período diurno

O tempo de colheita do sémen teve uma influência negativa sobre a concentração de sémen por ejaculado a 0MR e constante a 5MR, mas teve uma influência positiva a 10MR. A concentração de sêmen por ejaculado exibiu aumentos significativos (P <0,05) após os javalis experimentais serem provocados sexualmente em 5MR14h30, 10MR8h30 e 10MR14h30, principalmente em 5MR14h30 (132,93 ± 1,76). Como mostrado na Figura 4.5, o esperma vivo foi significativamente influenciado após 5MR pela manhã (08h30) em comparação com 0MR e 10MR pela manhã. Não houve mudança significativa no número de espermatozóides vivos após 5MR à tarde (14h30) em comparação com 0MR, mas um aumento significativo no número de espermatozóides vivos foi observado após 10MR à tarde. A hora da colheita do sémen teve uma influência significativa tanto na 0MR como na 10MR, mas não teve qualquer efeito na 5MR.

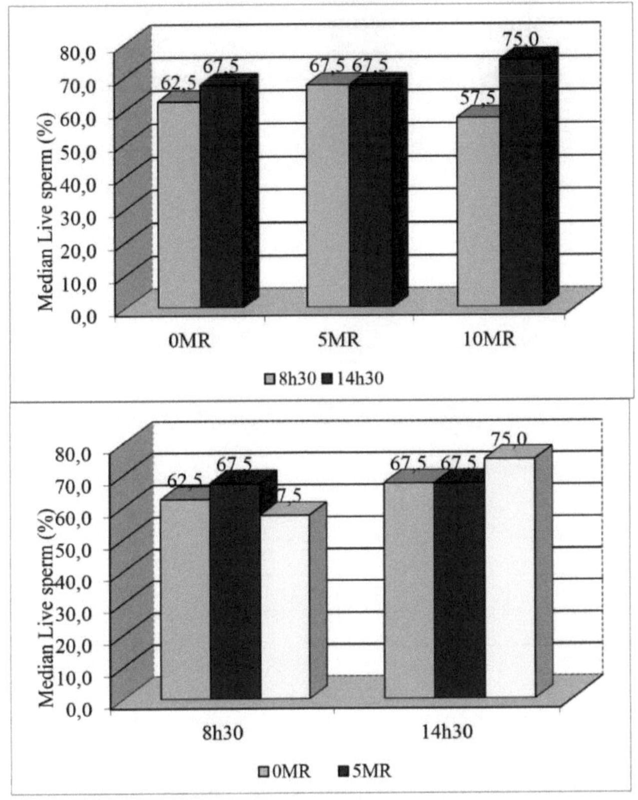

Figura 4.5 Média de espermatozóides vivos após diferentes níveis de contenção sexual e período diurno

O nível de estimulação sexual teve uma influência significativa sobre o esperma normal em ambos os níveis de tratamento (5MR e 10MR) durante a manhã (08h30), mas diminuiu durante o 5MR e 10MR em comparação com 0MR na coleta da tarde (14h30), mas durante a tarde 10MR teve um aumento significativo em comparação com 5MR na tarde após o 10MR (Tabela 4.1,

Figura 4.6).

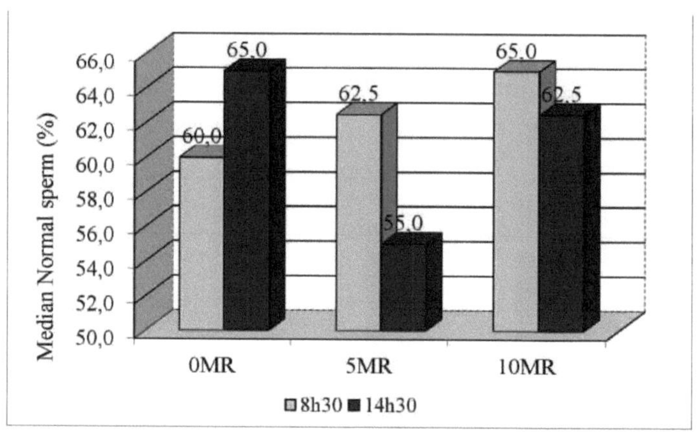

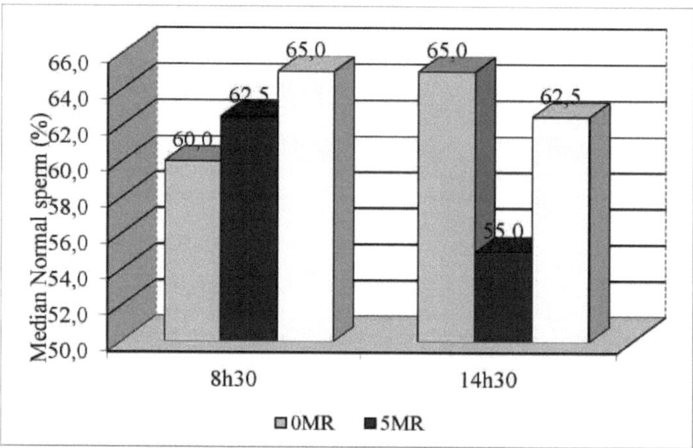

Figura 4.6 Espermatozóides normais medianos após diferentes níveis de restrição sexual e período diurno

O tempo de coleta teve uma influência significativa no esperma normal em 0MR, mas influenciou negativamente o esperma normal durante 5MR e 10MR (Figura 4.7). O nível de estimulação sexual teve uma influência significativa sobre a crista apical normal em ambos os níveis de tratamento (5MR e 10MR) durante a manhã (08h30), mas diminuiu durante o 5MR em comparação com o controle (0MR) na coleta da tarde (14h30), mas na tarde 10MR teve um aumento em comparação com 5MR na tarde seguinte 10MR. A hora da recolha teve uma influência significativa no NAR nos níveis de recolha 0MR e 10MR, mas foi constante no nível 5MR.

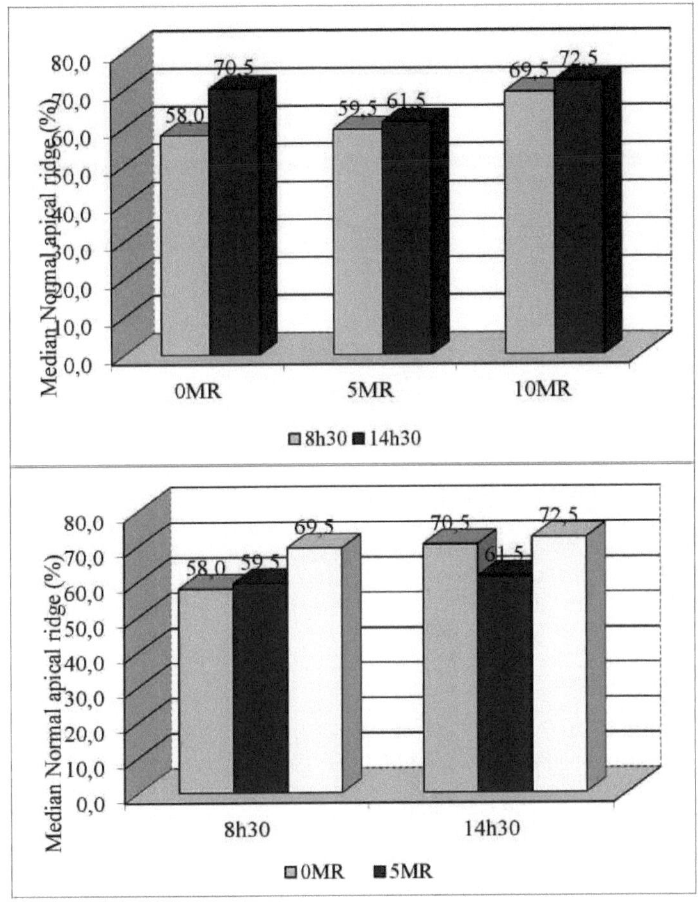

Figura 4.7 Crista apical normal mediana após diferentes níveis de contenção sexual e período diurno

O nível de estimulação sexual teve um efeito significativo sobre a crista apical danificada (DAR) em ambos os tratamentos (5MR e 10MR) nas amostras da manhã (08h30), mas aumentou ligeiramente com 10MR de manhã em comparação com 5MR de manhã. Registou-se uma diminuição significativa do número de RAD na 10MR durante a tarde (14h30) e um aumento na 5MR durante a tarde (Quadro 4.1). A hora da colheita teve uma influência positiva sobre os RAD durante as colheitas de controlo (0MR) e 10MR, mas a colheita 5MR não foi significativamente influenciada (Figura 4.8).

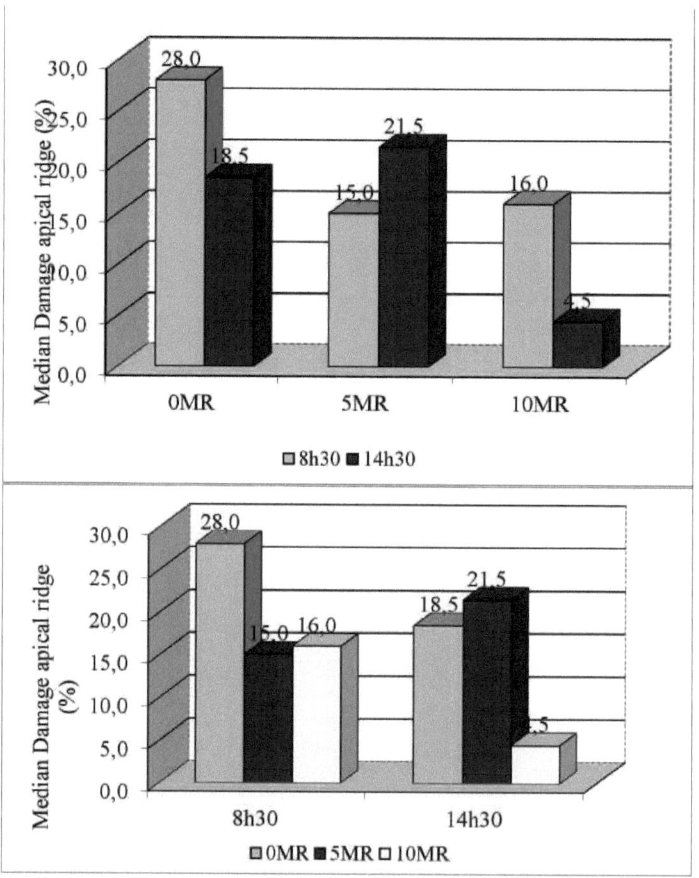

Figura 4.8 Crista apical mediana danificada após diferentes níveis de contenção sexual e período diurno

A Figura 4.9 destacou os aumentos significativos observados na crista apical ausente (MAR) após 5 minutos de estimulação sexual (5MR), pela manhã (08h30). No entanto, a percentagem de MAR diminuiu nos 10MR de manhã, mas teve uma influência na MAR aos 5MR e 10MR à tarde e diminuiu à tarde em ambos os tratamentos. A falta de crista apical foi significativamente influenciada durante a tarde em ambos os tratamentos (5MR e 10MR). A hora da colheita do sémen não teve influência no controlo (0MR), mas teve influência na 5MR e 10MR, diminuindo na colheita da tarde em comparação com a colheita da manhã.

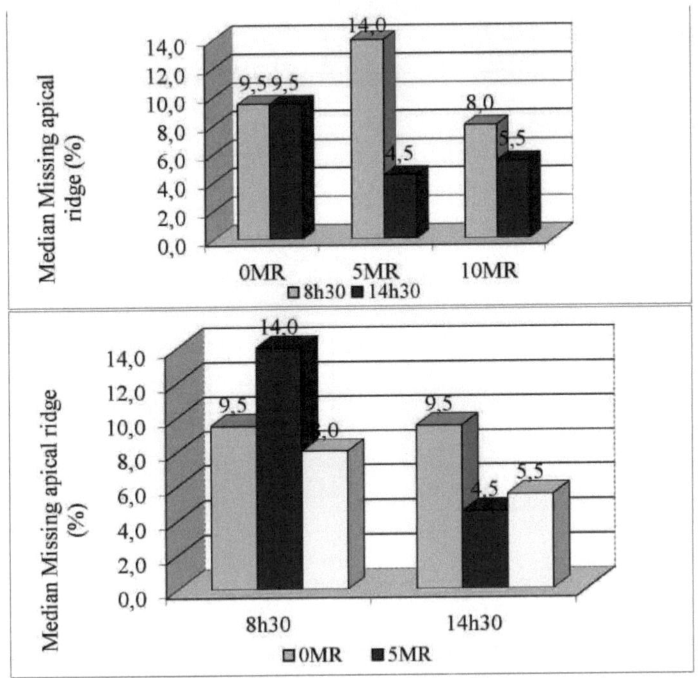

Figura 4.9 Mediana da crista apical em falta após diferentes níveis de contenção sexual e período diurno

O nível de estimulação sexual aumentou significativamente o tampão acrossomal frouxo (LAC) em ambos os tratamentos (5MR e 10MR), de manhã (08h30) e à tarde (14h30). A hora da colheita não teve influência na LAC no controlo (0MR), mas teve uma influência na 5MR que mostra ter diminuído a LAC e aumentado-a na 10MR (Figura 4.10).

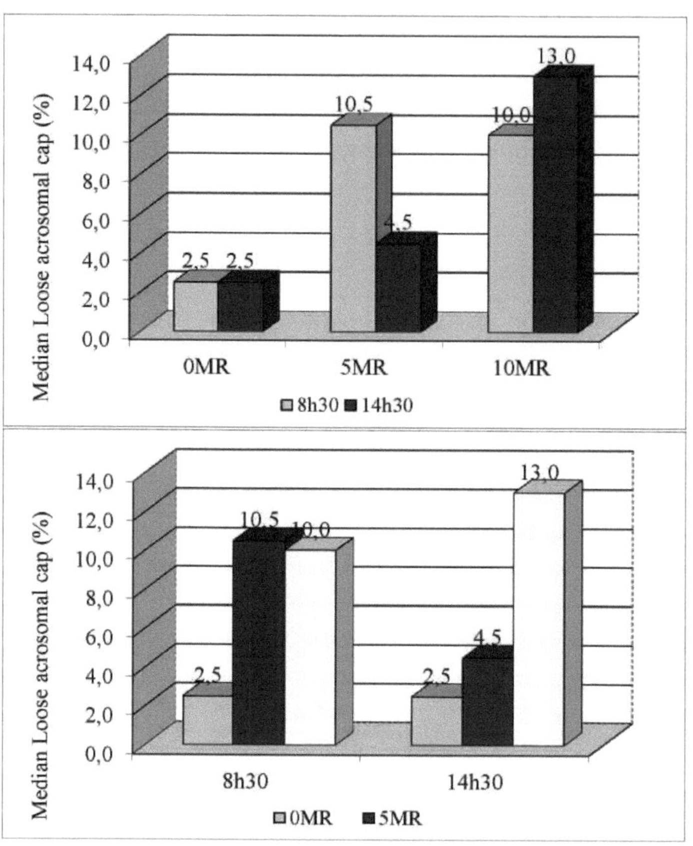

Figura 4.10 Tampa acrossomal solta após diferentes níveis de contenção sexual e período diurno

4.1.2 Determinação da fertilidade das porcas

Neste estudo, a taxa de não retorno (NRR) foi avaliada como a proporção de porcas que conceberam em relação ao número total de porcas que foram inseminadas artificialmente num determinado período de tempo. Como mostra a Tabela 4.2, a restrição sexual dos varrascos e o período diurno provocaram diferenças significativas ($P < 0,05$) na taxa de não retorno (NRR), na taxa de parição (FR) e no tamanho da ninhada (LS) das porcas com IA. O sémen dos varrascos com 5MR14h30 apresentou os valores mais elevados de NRR (91,5

± 6,7%), FR (88,3 ± 5,5), total de leitões (12,0 ± 0,4) e tamanho da ninhada (LS).

leitões (11,4 ± 0,2) do que os dos períodos 0MR8h30, 0MR14h30,

Tabela 4.2 Médias dos mínimos quadrados (± e.p.) para traços de fertilidade em porcas após vários períodos diurnos e níveis de contenção sexual dos varrascos

Fertilidade das sementeiras	0MR;08:30	5MR;08:30	10MR;08:30
Taxa de não retorno (%)	40.9 ± 2.2	70.8 ± 5.3[ab]	65 ± 4.3[a]
Taxa de parto (%)	41.8 ± 0.3	63.1 ± 4.2[a]	69.1 ± 9.2[a]
Ave. Tamanho do lixo	8.1 ± 0.6	10.5 ± 0.6[a]	11.7 ± 0.1[a]
Ave. Leitões vivos	6.2 ± 0.1	7.4 ± 0.6[a]	10.5 ± 0.3[a]
	0MR;14:30	**5MR;14:30**	**10MR;14:30**
Taxa de não retorno (%)	65.6 ± 5.1	91.5 ± 6.7[ab]	77.5± 3.8[a]
Taxa de parto (%)	68.7 ± 0.5	88.3 ± 5.5[ab]	65.3 ± 6.6[a]
Ave. Tamanho do lixo	8.3 ± 0.9	12.0 ± 0.4[ab]	10.5 ± 0.2[a]
Ave. Leitões vivos	7.1 ± 0.1	10.4 ± 0.2[a]	9.8 ± 0.5[a]

*[a,b,c,d,e] Os valores médios para cada caraterística com letras diferentes sobrescritas foram diferentes (P<0,05); *=(P<0,01),-**=(P<0,001) * Os valores são médias de mínimos quadrados ± erro padrão; MR = Minutos de contenção sexual*

Uma vez que nenhuma mudança conhecida e procedimento foi introduzido durante o tempo de coleta de sêmen e inseminação, essas melhorias notáveis e consistentes na viabilidade do esperma do javali e na fertilidade de marrãs inseminadas artificialmente tendem a apoiar as evidências iniciais de que a capacidade das células espermáticas de sobreviver durante a capacitação no trato reprodutivo da porca (Flowers e Alhiusen, 1992; Lai et al., 1993; Umesiobi, 2006a, b) pode estar dependente da capacidade do varrasco em doar sémen de óptima qualidade (Willenburg et al., 2003; Umesiobi et al., 2004) após restrição sexual (Umesiobi & Iloeje, 1999; Umesiobi, 2000, 2004, 2008) e período diurno (Umesiobi & Iloeje, 1999).

4.2 DISCUSSÃO

A quantidade de espermatozóides férteis que um varrasco individual produz é uma contribuição essencial para uma criação de suínos. Estratégias de preparação sexual para aumentar o número de espermatozóides por ejaculado em varrascos foram implementadas no passado (Flowers, 1997; Umesiobi & Iloeje, 1999), mas nenhuma se concentrou nos efeitos da preparação sexual e do período diurno na viabilidade do sémen e na fertilização subsequente de porcas com IA. No presente estudo, a preparação sexual (utilizando 0, 5 e 10 minutos de contenção sexual) dos varrascos foi examinada para determinar quais os efeitos, se os houver, da estimulação sexual dos varrascos sobre a viabilidade do sémen e a fertilidade subsequente em porcas com IA.

As caraterísticas do sémen medidas neste estudo, volume do sémen, motilidade, concentração do sémen por mililitro, concentração do sémen por ejaculado, esperma vivo, esperma normal e morfologia do acrossoma, foram significativamente influenciadas pelos vários níveis de contenção sexual e período diurno nos três tratamentos estudados. Este resultado apoia a hipótese de que a intensidade da contenção sexual em varrascos reflecte a sua motivação sexual subjacente ou libido, e fornece uma medida significativa da competência de acasalamento em varrascos sexualmente experientes (Umesiobi, 2006a, b). É possível que os tratamentos 5R e 10R constituam uma alternativa ao teste tradicional de capacidade sexual para avaliar a libido e a competência de fecundação dos varrascos.

Os machos sexualmente inactivos podem ser identificados e, no tratamento

0R, podem ser observados problemas locomotores e anomalias genitais (Umesiobi & Iloeje, 1999; Langendijk, 2005, Umesiobi et al., 2004). Curiosamente, estes testes podem confirmar a capacidade do macho para copular com sucesso e, assim, fornecer informações sobre a competência de fertilização do macho. A taxa de ejaculação foi tipicamente seguida de períodos de inatividade sexual (período refratário), e a duração destes períodos diminui com o aumento dos níveis de estimulação sexual, com ou sem ejaculações sucessivas (Price, 1987; Lai et al., 1993; Umesiobi 2008).

No entanto, porque cada varrasco neste estudo foi testado durante um período diurno fixo (8h30 e 14h30) nos vários níveis de restrição sexual, o período de inatividade sexual após cada ejaculação nos tratamentos de 5 e 10 R pode ter reduzido o tempo disponível para os varrascos exibirem outras disposições sexuais (Price; 1987; Foote, 2003; Umesiobi, 2004). Esta experiência determinou as alterações na viabilidade induzidas pela exposição dos espermatozóides de varrascos à estimulação sexual isolada durante a inseminação ou/e em conjunto com ambas as exposições a períodos diurnos variáveis. A avaliação da viabilidade do esperma tem sido utilizada para fins de investigação, como a avaliação da fertilidade do varrasco.

Christensen et al (2004) relataram que a viabilidade do esperma está mais relacionada com o tamanho da ninhada do que o parâmetro de motilidade tradicionalmente utilizado; um efeito limitado no tamanho da ninhada deve ser antecipado se os ejaculados forem selecionados para inseminação de acordo com a percentagem de esperma viável. No entanto, o presente ensaio utilizou grandes doses de inseminação ($\pm 2,3 \times 10^9$ espermatozóides móveis/dose) que compensam parcialmente as diferenças de motilidade e viabilidade entre varrascos e ejaculados. A avaliação da motilidade dos espermatozóides é um julgamento subjetivo da proporção de células móveis. Além disso, este procedimento não é particularmente preciso devido à avaliação de um número limitado de espermatozóides (aproximadamente 200 por amostra) que podem diferir individualmente no que respeita ao tipo de movimento e à velocidade.

Uma avaliação mais objetiva e precisa da motilidade do esperma pode ser alcançada usando um analisador de sémen assistido por computador (CASA), mas o viés devido às configurações do programa, e as diferenças entre os sistemas, bem como o tempo necessário para a análise tornam este método inadequado para o trabalho de rotina (Christensen et al, 2004). Para ejaculados crus individuais de sémen de javali, diferenças na quantidade de partículas de gel ou detritos (gotículas citoplasmáticas, bactérias) podem resultar numa determinação imprecisa da concentração de esperma quando se utiliza um espetrofotómetro. Para obter resultados satisfatórios, é necessária uma calibração periódica dos espectrofotómetros em relação a um hemocitómetro. Para a avaliação de rotina de ejaculados ou para o controlo de qualidade, o hemocitómetro é demasiado lento, uma vez que são necessárias várias medições de cada amostra para atingir uma precisão aceitável.

Os contadores electrónicos de partículas fornecem determinações rápidas da concentração de esperma, mas tendem a incluir na contagem quaisquer detritos na faixa de tamanho do esperma e as partículas de gel no sémen de javali podem bloquear a abertura do sistema (Christensen et al, 2004). Os ensaios de inseminação com sémen de varrasco mostram que o efeito do macho individual e do ejaculado na fertilidade global é limitado e que a maior parte da variação é residual. Além disso, a correlação entre a fertilidade observada e a viabilidade do esperma, bem como a motilidade, parece ser baixa. Estas observações são provavelmente o resultado do uso de grandes doses de inseminação (touro: 15×10^6 esperma móvel/dose, javali $2,3\times10^9$ esperma móvel/dose) que compensa a maior parte da diferença na qualidade do sémen (viabilidade e motilidade) entre machos e ejaculados.

Amann (1970) afirmou que o número de espermatozóides por dose deve ser reduzido nos ensaios de fertilidade, a fim de obter mais machos com uma fertilidade relativamente baixa e fornecer a melhor base possível para testar um ensaio de diagnóstico de esperma. Os valores melhorados registados na capacidade de fertilidade (exemplificados pela taxa de não retorno, taxa de parto, total de leitões e leitões vivos nascidos/ninhada) do sémen de varrasco 5MR14h30, 10MR8h30 e 10MR14h30 sugerem que a capacidade das células espermáticas sobreviverem durante a capacitação no trato reprodutivo da porca pode depender da capacidade do varrasco em doar sémen de óptima qualidade após a estimulação sexual (Umesiobi & Iloeje, 1999; Willenburg et al, 2003; Umesiobi, 2004; Umesiobi 2008) e do período diurno (Umesiobi & Iloeje, 1999).

Os níveis de restrição sexual, o período diurno, o tempo de reação do varrasco e a mortalidade embrionária têm sido implicados como alguns dos principais factores que influenciam o tamanho da ninhada (Willenburg et al., 2003; Umesiobi, 2004). Outros factores que se diz afectarem o tamanho da ninhada incluem a idade, a paridade e a capacidade reprodutiva inerente do pai e da mãe (Lai et al., 1993; Umesiobi, 2004; Umesiobi et al., 2004, Umesiobi, 2006a, b). A preparação sexual, na qual a capacidade reprodutiva de potenciais reprodutores é avaliada utilizando 0, 5 ou 10 minutos de contenção sexual por cada período de teste de 30 minutos, oferece aos fisiologistas da reprodução animal e aos criadores a oportunidade de avaliar a viabilidade do sémen e a competência de fertilização dos machos antes da sua utilização num programa de reprodução.

A hipertrofia compensatória, que causou um aumento substancial na massa total do tecido testicular e na proliferação das células de Leydig após a estimulação sexual, parece ser o principal fator que contribui para a melhoria substancial da qualidade do esperma dos varrascos e para a fertilidade subsequente das porcas com IA (Umesiobi, 2006a). Além disso, os efeitos do período diurno eram esperados, uma vez que o período de colheita de sémen causou efeitos dramáticos nas caraterísticas do sémen. Os efeitos do período diurno foram mais favoráveis durante as horas da tarde, principalmente no inverno, uma vez que os varrascos eram sexualmente ágeis às 14h30 na maior parte do tempo, durante o período experimental. A preparação sexual em conjunto com o período diurno, proporcionou uma medida precisa para avaliar a qualidade espermática, bem como a libido e a competência fertilizante dos varrascos. Em pesquisas futuras, será necessário medir o nível de relações que possam existir entre a preparação sexual e a capacidade reprodutiva dos varrascos em diferentes idades.

Capítulo 5 Conclusão

5.1 CONCLUSÃO

O período diurno e os testes de preparação sexual que medem a altura ideal para a colheita de sémen, a viabilidade do sémen e a capacidade de fertilização subsequente das porcas com IA são úteis para avaliar a competência de acasalamento dos machos sexualmente maduros e a capacidade de fertilização subsequente das fêmeas inseminadas artificialmente. O presente estudo fornece algumas provas de que os varrascos estimulados sexualmente durante 5 minutos durante as horas da tarde (5MR14h30) são mais susceptíveis do que os varrascos 0MR8h30, 0MR14h30, 5MR8h30, 10MR8h30 e 10MR14h30 de produzir persistentemente uma viabilidade espermática óptima, com melhores taxas de tamanho da ninhada, parto e conceção de porcas de IA.

Esta é uma consideração importante porque os estudos sobre o desempenho sexual, nos quais as disposições sexuais dos potenciais varrascos são ditadas, permitem ao criador a oportunidade de avaliar a proficiência de acasalamento dos reprodutores antes da sua utilização no programa de IA. A presença de varrascos com baixo desempenho numa manada aumenta o número total de varrascos necessários e limita as contribuições genéticas de cada varrasco. Os resultados deste estudo sugerem, portanto, que a utilização de pelo menos 5 minutos de contenção sexual, durante o período da tarde (14h30), antes da colheita de sémen e da inseminação artificial de marrãs, é um método prático para otimizar a viabilidade espermática e a fertilidade das porcas.

5.2 RECOMENDAÇÕES

Na maior parte das unidades de produção intensiva de suínos, o acasalamento é efectuado na cela de alojamento dos varrascos: as porcas são geralmente introduzidas nesta cela para deteção do estro e as porcas com estro são detectadas pelos varrascos neste local. A interferência do homem nestes locais e nos processos de acasalamento tem influência na viabilidade do sémen e na competência de fertilização dos varrascos. A segurança de ambos os animais durante o acasalamento deve ser a prioridade máxima, pelo que o piso escorregadio que é suscetível de ocorrer devido às fezes e à urina pode interferir ou inibir o acasalamento.

A área de acasalamento deve ser concebida de forma a que o seu conceito seja o de estimular o comportamento sexual dos porcos machos e fêmeas, proporcionando-lhes melhores condições físicas na altura do acasalamento, à fêmea mais contacto com o varrasco na altura da deteção do cio e ao macho e à fêmea mais estimulação sexual na altura do acasalamento. Este estudo prova que a hora do dia e a restrição sexual são recomendações importantes para a indústria da IA e para os criadores.

REFERÊNCIAS

Althouse, G. C., Kuster, C. E., Clark, S. G., Weisiger, R. M. 2000. Investigações de campo de contaminantes bacterianos e seus efeitos no sémen suíno prolongado. Theriogenology. 53(5):1167-1176.

Amann, R. P. 1970. Taxas de produção de esperma. In: A. D. Johnson, W. R. Gomes e N. L. Van Demark (eds) The Testis. Vol. 1. pp 443482. Academic Press, NY.

Annop, K., Annop, S., Nils, L., Terry, W. H., Stig, E. 2005. Gestão e produção de esperma de varrascos em diferentes condições ambientais. Theriogenology. 63(2): 657-667.

Barkawi A. H., Elsayed E. H., Ashour G. e Shehata E., 2005.

Alterações sazonais nas caraterísticas do sémen, perfis hormonais e atividade testicular em cabras Zaraibi. Rua El-Gamaa, Giza, Egito: Universidade do Cairo

Christensen, P., Spinaci, M., Galeati, G., Tamanini, C. 2004. Controlo de qualidade na produção de sémen de varrasco através da utilização do sistema FACSCount AF. Theriogenology. 62(7): 1218-1228.

Ciereszko, A., Ottobre, J. S. e Glogowski, J. 2000, Effects of season and breed on sperm acrosin activity and semen quality of boars. Animal Reproduction Science. 64

Crabo, B. G. 1997. Exame reprodutivo e avaliação do varrasco. In: R. S. Youngquist (ed.) Current Therapy in Large Animal Theriogenology. W. B. Sauders Company, Philadelphia.

De Ambrogi, M. 2006. Viabilidade e fragmentação do DNA em espermatozóides de javali separados de forma diferente. Theriogenology. 66(8): 1994-2000.

Estienne, M. J. e Harper, A. F. 2005. Utilização da Inseminação Artificial na

Produção de Suínos: Detetar e sincronizar o cio e utilizar uma técnica de inseminação adequada. Publicação número 414-038, publicada em junho de 2005

Estienne, M. J. e Harper, A. F. 2000. PGF2αfacilita o treinamento de javalis sexualmente ativos para coleta de sêmen. Theriogenology. 54(7):1087- 1092.

Estienne, M. J., Harper, A. F., Barb, C. R., Azain,M. J. 2000. Concentrações de leptina no soro e no leite de porcas em lactação que diferem em termos de condição corporal. Journal of Domestic Animal Endocrinology. 19(4): 275280.

Erp-van der Kooij, E., Kuijpers, A. H., Schrama, J.W., Ekkel, E. D., Tielen, M. J. M. 2000. Erratum to "Individual behavioural characteristics in pigs and their impact on production" [Appl. Anim. Behav. Sci. 66 (2000) 171-185]. Appl. Anim. Behav. Sci. 67(1-2): 165-166.

Flowers, W. L. 1997. Gestão de varrascos para uma produção eficiente de sémen. J. Reprod. Fertil. Suppl. 52:67-78.

Flowers, W. L. 1998. Gestão da reprodução. In: Progress in Pig Science. Wiseman, J., Varley, M., e J. Chadwick (eds). 18:383-405.

Foote, R. H., Brockett, C. C., Kaproth, M. T. 2002. Motilidade e fertilidade do esperma de touro em extensor de leite integral contendo antioxidantes. Animal Reproduction Science. 71(1-2): 13-23.

Foote, R. H. 2003. Fertility estimation: A review of past experience and future prospects. Anim. Reprod. Sci. 75: 119-139.

Gadea, J. 2005. Factores espermáticos relacionados com a fertilidade suína in vitro e in vivo. Theriogenology. 63(2): 431-444.

Hafez, E. S. E. 1974. Reproduction in Farm Animals. Philadelphia: Lea and Febiger. Hemsworth, P.H., Hansen, C., Coleman, G.J. e Jongman, E. 1991. The influence of conditions at the time of mating on reproduction of commercial pigs. Appl. Anim. Behav. Sci. 30: 273-285.

Huang S. Y., Chen M. Y., Lin E. C., Tsou H. L., KuoY. H., Ju C. C. e Lee W. C. 2001, Effects of single nucleotide polymorphisms in the 5_- flanking region of heat shock protein 70.2 gene on semen quality in boars. Animal Reproduction Science. 70.

Huang, S., Tu, C., Liu, S., Kuo, Y. 2005. Motilidade e fertilidade de espermatozóides de javali encapsulados em alginato. Animal ReproductionScience. 87(1-2): 111-120,

Hunter, R. H. F. 1990. Fertilização de ovos de porco in vivo e in vitro. J. Reprod. Fertil. Suppl. 40:211-226.

Iheukwumere, F. C., Herbert, U. e Umesiobi, D. O. 2001. Avaliação bioquímica do plasma seminal em carneiros Yankasa sob diferentes intensidades de colheita de sémen. Int. J. Agric. Rural Dev. 2 : 29 - 34.

Johnson, L. A., K. F. Weitze, P. Fiser, e W. M. C. Maxwell. 2000.Storage of boar semen. Anim. Reprod. Sci. 62:143-172.

Landaeta-Hernàndez A. J., Chenoweth P. J. e Berndtson W. E. 2001. Assessing sex-drive in young Bos taurusbulls. J. Animal Behaviour

Maes, D. G. D., Mateusen, B., Rijsselaere, T., De Vliegher, S., Van Soom, A., de Kruif, A. 2003. Caraterísticas de motilidade dos espermatozóides de javali após a adição de prostaglandina F2α. Theriogenology. 60(8): 1435-1443.

Miller, D. J. 2000. A perspetiva de um espermatozoide sobre a fertilização. Proc. Am. Soc.Anim. Sci., 1999. Disponível em

http://www.asas.org/jas/symposia/proceedings /0918.pdf. Acedido em 1 de agosto de 2001.

Morrow, M. E. W., 2005. Extensão do sémen: Uma comparação de métodos.

Swine News 28(8): 35-39.

Niemann, H., Hermann, D., Dopke, H., Hadeler, K., Schindler, L., Wirth, P.,

Ehling, C. 2003. Inseminação intra-uterina laparoscópica com diferentes doses de sémen fresco, conservado e congelado para a produção de zigotos ovinos. Theriogenology. 60(4): 777-787.

Levis, D. G. e Reicks D. L. 2005. Avaliação do comportamento sexual e do efeito da recolha de sémen, do desenho da cela e da estimulação sexual dos varrascos no comportamento e na produção de esperma - uma revisão. Theriogenology. 63:630-642.

Lezama, V., Orihuela A. e Angulo R. 2003. Efeito da contenção dos carneiros ou da mudança do estímulo da ovelha sobre a libido e a qualidade do sémen dos carneiros. Cidade do México, México: Universidad Nacional Autónoma de México.

Loula, T. J. 1997. Erros comuns e soluções no estábulo de reprodução. Actas do Workshop. Swine Reproduction. Reunião anual da Associação Americana de Suinicultores. pp. 19-28.

McDonald, J.H. 2008. Handbook of Biological Statistics. Baltimore, Maryland: Sparky House Publishing, pp. 1-28.

Pesch, S. e Bergmann, M. 2006. Structure of mammalian spermatozoa in respect to viability, fertility and cryopreservation (Estrutura dos espermatozóides de mamíferos em relação à viabilidade, fertilidade e criopreservação). Alemanha: Universidade Justus Liebig.

Price, E. O. 1987. Comportamento sexual dos machos. Vet. Clinics of North America: Food Animal Practice 3: 405-422.

Pruneda, A., Pinart, E., Briz, M. D., Sancho, S., Garcia-Gil, N., Badia, E., Kàdàr, E., Bassols, J., Bussalleu, E., Yeste, M., Bonet, S. 2005. Efeitos de uma elevada frequência de colheita de sémen sobre a qualidade do esperma de ejaculados e de seis regiões epididimárias em varrascos. Theriogenology. 63(8): 2219-2232.

Umesiobi, D. O. 2000. A influência do clima húmido no sistema cardiorespiratório dos ovinos anões da África Ocidental. Trop. Agric (Trinidad) 77(4): 1 - 4.

Umesiobi, D. O. 2000. Efeito dos extensores de gema de ovo, água de coco e vinho de palma de rafia fresca na viabilidade do esperma de javali durante o armazenamento a 50C. J. Agric. Rural Dev. 1(1) : 98 - 106.

Umesiobi, D. O. 2004. Integridade funcional dos espermatozóides do varrasco e fertilidade da porca usando raphia (Raphia hookeri) palmwine mais extensor urbano 'Nche' (Saccoglotis gabonensis). J. Appl. Anim. Res. 26: 13-16.

Umesiobi, D. O. 2006a. The effect of hemi-orchidectomy on reproductive traits of boars. South African Journal of Animal Science 36(3): 181-188.

Umesiobi, D. O. 2006b. Efeito da administração oral de citrato de clomifeno na viabilidade espermática e na fertilidade do sémen de varrasco. J. Appl. Anim. Res. 30: 167-170.

Umesiobi, D. O. 2007. Medidas da libido e sua relação com a hipertrofia testicular e a competência de fertilização em varrascos. Journal of Animal Science 85(Suppl. 1): 815.

Umesiobi, D. O. 2008a. Medidas da capacidade de serviço dos varrascos e seus efeitos na fertilidade subsequente em marrãs inseminadas artificialmente. Jornal de Investigação Animal Aplicada 34: 9-12.

Umesiobi, D. O. 2008b. Suplemento de vitamina E: Um requisito para otimizar as taxas de fecundidade e o tamanho da ninhada em porcas. The Philippine Agricultural Scientist 91 (2): 187-194.

Umesiobi, D. O. 2008c . Effects of sexual stimulation of boars on the fertility and fecundity rates in sows (Efeitos da estimulação sexual dos varrascos nas taxas de fertilidade e fecundidade das porcas). The Philippine Agricultural Scientist 91 (1): 379-385.

Umesiobi, D. O. e Iloeje, M. U. 1999. Effect of sexual teasing and diurnal period of semen collection on reaction time and semen characteristics of Large White boars. J. Sustain. Agric. and Environ. 1(2) 231 - 235.

Umesiobi, D. O., Okani, J. M. E. e Iloeje, M. U. 1999a. Efeito da duração e da temperatura de armazenamento na morfologia acrosomal do sémen de varrasco. J. Tech. Edu. Nig. 42 - 48.

Umesiobi, D. O., Omalaka, E. E. O. e Iloeje, M. U. 1999b. O efeito da frequência e do tempo de colheita na qualidade do sémen de varrasco. Delta Agric. 6: 191 - 199.

Umesiobi, D. O., Iloeje, M. U. e Berepubo, N. A. 2002. Inseminação artificial em porcas utilizando Guelph e dois extensores de sémen locais. Nig. J. Anim. Prod. 29(1): 121 - 126.

Umesiobi, D. O., Iloeje, M.U., Anyanwu, G.A., Herbert, U. e Okeudo, N.J. 2000. Relationship between sow fecundity and sexual repertoire of the boar. J. Agric. Rural Dev. 1(1): 114 - 119.

Umesiobi, D. O., Kalu, U., Ogundu, U., Iloeje, M. U., Anyanwu, D. C., McDowell, L. R. 2004. Estudos de fertilidade sobre dois métodos de manutenção da libido em carneiros anões da África Ocidental. J. Anim. Vet. Advances 3(2), 81-84.

Robinson, J. A. B. e Buhr, M. M. 2005. Impacto da seleção genética na gestão da substituição de varrascos. Theriogenology. 63(2): 6668-678.

Schenk Jr., J. L., Seidel, G. E., Herickhoff, L. A., Doyle, S. P., Green, R. D. 1998. Artificial insemination of heifers with cooled, unfrozen sexed semen. Theriogenology. 49(1): 365.

Silva, P. F. N., Gadella, B. M., Brouwers, J. F. 2005. Novos ensaios para deteção e localização de produtos endógenos de peroxidação lipídica em espermatozóides vivos de javali após diluição BTS ou após congelamento-descongelamento. Theriogenology. 63(2): 458-469.

Singleton, W. L. 2001. State of the art in artificial insemination of pigs in the United States (Estado da arte em inseminação artificial de suínos nos Estados

Unidos). Theriogenology. 56(8): 1305-1310.

Sirard, M. A., Pothier, F., Gagné, M. 1993. Expressão de genes estranhos em oócitos activados e embriões de bovinos após microinjecção do plasmídeo pAGS-lacZ. Theriogenology. 39(1): 223.

Smital, J., Wolf, J., De Sousa, L. L. 2005. Estimativa dos parâmetros genéticos das caraterísticas do sémen e das caraterísticas reprodutivas em varrascos de IA. Animal Rep. Science. 86(1-2): 119-130.

Sutkeviciene, N., Andersson, M. A., Zilinskas, H., Andersson, M. 2005. Avaliação da qualidade do sémen de varrasco em relação à fertilidade, com especial referência ao stress do metanol. Theriogenology. 63(3): 739-747.

Strzezek, J., Fraser, L., Demianowicz, W., Kordan, W., Wysocki, P., Hollody, D. 2000. Effect of depletion tests (DT) on the composition of boar semen. Theriogenology. 54(6): 949-963.

Watson, P. F. e Behan, J. R. 2002. Intrauterine insemination of sows with reduced sperm numbers: results of a commercially based field trial (Inseminação intra-uterina de porcas com número reduzido de espermatozóides: resultados de um ensaio de campo com base comercial). Theriogenology. 57(6): 1683-1693.

Xu, X. S., Pommier, T., Arbov, B., Hutchings, W., Sotto, e G. R. Foxcroft. 1998. Técnicas de maturação e fertilização in vitro para avaliação da qualidade do sémen e da fertilidade do varrasco. J. Anim. Sci.76:3079-3089.

Zavos, P.M., Kofinas, G.D., Sofikitis, N.V. 1994. Differencesin seminal parameters in specimens collected via intercourse and incomplete intercourse (coitusinterruptus). Fertil Steril 6(1): 1174-6.

Printed by Books on Demand GmbH, Norderstedt / Germany